天津市
生态城市建设与产业发展研究

王 瀛◎著

中国城市出版社

图书在版编目(CIP)数据

天津市生态城市建设与产业发展研究 / 王瀛著 . —
北京:中国城市出版社,2019.12
ISBN 978-7-5074-3240-4

Ⅰ.①天… Ⅱ.①王… Ⅲ.①生态城市—城市建设—
研究—天津②区域经济发展—产业发展—研究—天津
Ⅳ.①X321.221 ② F127.21

中国版本图书馆 CIP 数据核字(2019)第 282018 号

责任编辑:李 东 陈夕涛
责任校对:王 瑞

天津市生态城市建设与产业发展研究
王瀛 著
*
中国城市出版社出版、发行(北京海淀三里河路9号)
各地新华书店、建筑书店经销
逸品书装设计制版
北京建筑工业印刷厂印刷
*
开本:787×960 毫米 1/16 印张:16¾ 字数:270 千字
2020 年 3 月第一版 2020 年 3 月第一次印刷
定价:58.00 元
ISBN 978-7-5074-3240-4
(904223)

序

    人口、资源、能量、信息等高度集中的城市是区域经济活动的核心、人类文明的标志和社会经济发展的载体。近年来依托优势人流、物流、能量流、信息流在城市内的高速运转，促使城市的经济与财富增值能力不断提高，但大规模的城市开发活动，又改变了城市周边区域的地质、水文、气候等条件，导致自然生态系统的破坏及自然、历史、文化特色风貌的消失，并出现人口拥挤、住房紧张、交通阻塞、环境污染、城市热岛等问题，降低了居民生活质量，制约了城市的进一步可持续发展。由此，在联合国曾经发表的《应对全球变化挑战的城市生态修复宣言》中就明确提出基于全球生态安全、区域生态服务、人类种群生态健康以及社会生态福利等问题的城市可持续发展问题已成为人类未来能否生存的重要议题之一。

    可以说正是由于经济持续高速增长的工业化、城市化进程在给我们人类及城市居民带来物质和精神上极大丰富的同时，又使我们赖以生存和发展的环境也遭受到了非常严重的破坏，因此以可持续发展理念为基础进行产业结构的调整，实现城市生态化建设就成为我国各个城市发展面临的新挑战，也成为当前社会进步、城市发展的基本要求和必然趋势。于是，国家环境保护总局于 2008 年正式颁布了修订的《生态县、生态市、生态省建设指标》指导文件，并将生态城市定义为"生态环境和社会经济协调发展，各个领域基本符合可持续发展要求的地市级行政区域"，并提出了要将生态城市作为地市级生态示范区建设的继续、发展和最终目标，而其概括的生态城市主要标志也为我国城市生态化建设的重要建设思路、内容及要求。

    天津市是一个经济总量规模较大、工业基础雄厚的北方城市，城市竞争力较强、对外国际知名度较高，也曾经是中国近现代发展史上的北方金融中心、贸易中心，具有地理、人力、资本等历史优势。目前天津作为我国北方经济中心、物流中心等重要发展基地，以及国家战略重点发展城市之一，在经济全球化和国际产业转移的进程中，既面临着跨越式发展经济的任务，又急需解决传统发展模式对生态环境造成的污染和破坏，突破经济发展与环境保护的矛盾。由此，本研究对天津市的自然生态基础、社会经济条件、人口质量、资源与环境状况进行了现状调查和分析评价，发现在新的历史时期下天津的可持续发展要求的迫切性已然明确，但由于区域内部分部门、行业的发展仍没有完全摆脱高耗能、高污染、低产出、低效益的粗放型发展模式，于是天津市面临着诸如粗放型的增长方式比重依然较大、产业及产品技术含量不高、结构不合理致使行业利润微薄、资源高效利用技术仍待提高、环境污染较为明显等众多问题。因此，天津市必须选择循环经济的发展道路，构建生态化的产业链条和产业网络共生模式，以可持续发展的科学发展观来实现产业结构升级、新型工业化建设、行业企业间良性竞争，并以科技含量提高经济及社会效益，在促进经济有效增长、社会进步的同时优化城市生态宜居环境。

总之，城市生态化建设在国家的可持续发展中起着十分重要的作用，研究在区域经济的发展过程中，如何以技术的进步、生产方式的变革等来实现人民生活水平高品质的提升及可持续性发展具有很强的实践意义，也是使现代化新型城市得以持续、快速、协调、健康发展的必由之路。本研究的主要目的就是希望结合天津自然特色、发展现状及定位，应用生态学、产业经济学、系统工程学等学科理论与技术，确定适宜天津生态城市建设的目标和参考指标，并在全面协调的可持续发展观指导下，利用技术、制度的不断创新来实现行业、产业可持续发展，即以产业结构的优化策略及方法来带动天津经济实现可持续发展，建设生态化的天津新城，为全面小康社会的建设服务。此外，根据党的十四大报告中提到要将环渤海地区的开发、开放列为全国发展的重点区域之一，也明确提出了"环渤海经济区"的概念，而天津作为环渤海经济区的重要组成之一，其既是沿太平洋西岸的重要建设城市，又是中国北部沿海的黄金海岸之一，在国家对外开放的沿海发展战略中具有非常重要的地位和意义。因此，研究天津生态城市建设及可持续发展，可以推动我国区域发展过程中特定城市的发展定位，提高产业发展管理水平，改善环境管理体系，增强城市的国际竞争力；可以增强产业节能管理和技术改造，引导节能行业、产业发展，推动节能型企业建立，不断提高节能意识、资源意识和环境意识，提高资源利用效率，在为实现环渤海经济圈的经济腾飞以及发挥优势互补下的区域间有效联合等任务提供基本保障的同时，最终也能够为我国大型城市实现经济、社会和环境三者的全面协调与可持续发展，实现新型工业化和可持续发展战略目标，提供重要实践性探索和有益参考。

目　录

第一章 绪 论

在联合国曾经发表的《应对全球变化挑战的城市生态修复宣言》中明确提到:"当今世界的城市正处于以社会冲突、经济振荡和气候变化为显著标志的全球生态安全问题;以生态胁迫、环境污染和资源耗竭为主要特征的区域生态服务问题,以及以掠夺式开发和超常规消费为重要诱因的人类生物种群生态健康和社会生态福利问题三大挑战的漩涡中。"由此可见,城市的可持续发展问题已成为人类未来能否生存的重要议题之一。

"生态城市"建设是现代人类文明对以工业文明为核心的传统的城市化运动的反思,是人类在逐步认知以及自觉抵制"灰色城市病"走向绿色现代文明的改革与创新,是从根本上充分适应了城市可持续发展的基本内在要求,能够体现工业化、城市化与现代物质精神文明的相互交融与协调,标志着城市由过去传统的"唯经济"增长模式向经济、社会、生态有机融合的现代化的"复合式"发展模式的转变,使城市发展在追求高品质物质财富的同时,更加注重人与人、人与社会、人与自然之间文化、精神上的和谐与发展。同时,也有专家提出 21 世纪是人类社会从工业化发展的社会逐步迈向生态化发展的社会,即为生态世纪,今后国际竞争在一定程度上也就是生态环境的竞争。于是,哪个城市的综合生态环境更优越,哪个城市就有可能更好地吸引人才、资金、技术与项目等,进而在市场竞争中处于有利地位。由此,生态城市建设必然成为下一轮城市间、区域间、国际竞争的焦点,也是最大限度地推动城市可持续发展,促进生态产业、生态环境、生态文化的建设,提高城市生产、生活质量,实现全面小康社会的重要保障。

天津是我国城市竞争力较强、对外国际知名度较高的历史名城,也曾经是中国近现代发展史上的北方金融、贸易、交通运输等老经济中心，具有地理、人力、资本等历史优势。当前，天津作为国家新的战略重点发展区域及城市，将继续为国家在新型工业化和全面小康社会及和谐社会构建过程中发挥重要作用。但在新的历史时期，天津的城市发展却又面临着很多问题，如粗放型的增长方式比重依然较大、产业及产品技术含量不高、经济结构不合理致使的行业利润微薄、资源高效利用技术应用程度不足、环境污染较为明显等，因此要想使天津在促进经济有效增长、推进社会进步、实现新型工业化等方面发挥作用，就必须在全面协调的可持续发展观指导下，利用观念、技术、制度的不断创新来实现行业、产业可持续发展，建设生态化的天津新城。

由此，本研究在系统深入地研究国内外生态城市理论与实践的基础上，在将生态城市全面概括为结构合理、功能完善、经济高效、环境宜人、社会和谐的良性系统的前提下，结合天津自然特色、发展现状及定位，应用生态学、产业经济学、系统工程学等学科理论与技术，定性与定量相结合分析适宜天津生态城市建设的目标，着重探讨以产业发展模式的优化策略及方法来带动天津经济实现可持续发展，最终为和谐社会的建设服务。

§1.1　问题的提出与研究意义

1.1.1　研究问题的背景

城市是社会生产力和商品经济发展的产物，是社会发展的重要组织形式，是人类进步的一项必然选择。正如埃德温·密尔斯和布鲁斯·汉密尔顿总结的"聚集效应"模型（见图1.1），其既论证了城市的形成根源，也为此后的城市化问题奠定了理论依据。

伴随着经济的发展及人口的增长，世界城市化的进程迅速加快，全世界目前已有一半的人口生活在城市中，预计2025年将会有2/3的人口居住在城市，而城市作为人口、资源、能量和信息高度集中的地域，已然是区域经

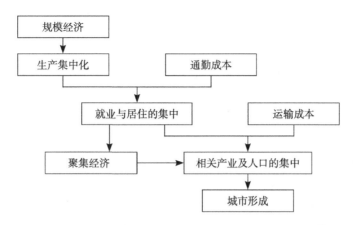

图 1.1 埃德温·密尔斯和布鲁斯·汉密尔顿的城市形成模型①

济活动的核心、人类文明的标志和社会经济发展的载体，因此城市的发展问题就决定着人类发展的方向及程度。城市中高度集中的人流、物流、能量流、信息流实现了在有限的地域空间内快速、高效运行，既促进了城市的物质、精神财富的聚集与增值能力的快速提高，也推动着人类社会经济、政治、文化的迅猛发展。

然而，近年来城市的急剧膨胀与大规模的城市开发活动背景下的城市化发展，在给我们带来物质与精神丰富的同时，也改变了区域内的地质、水文、气候等条件，导致自然生态系统的破坏，以及当地的自然、历史、文化特色风貌的消失，从而集中了当代人类的各种矛盾，产生了一系列的"城市病"——城市中大气、水、噪音、垃圾等环境污染、地面沉降、水资源短缺、能源及土地紧张、人口膨胀、交通拥挤、住房短缺以及风景特色资源被污染、被破坏等问题，使我们赖以生存和发展的生态环境遭到了严重的破坏，阻碍了城市社会、经济和环境功能的正常发挥。其在给人类的身心健康带来巨大危害的同时，也对区域可持续发展构成了严重的挑战。还有统计资料表明，目前全世界城市正在消耗着全球 85% 的资源和能源，且排出了 85% 的废物和二氧化碳。在我国，进入 21 世纪以后城市化进程持续加快，导致城市人口消耗的生活用水已占全社会用水总量的 60% 以上，并占用了能源消

---

① 李清娟.产业发展与城市化 [M].上海：复旦大学出版社，2003.

耗总量的近 75%，排放的污染物占总量的 75% 以上。而今后我国仍处于城市化高速发展的阶段，作为世界上人口最多的国家，如何实现城市经济社会发展与生态环境建设的协调统一，就成为当前可持续发展面临的一个重大实际问题。

此时，能够实现生态良性循环、经济高度发达、社会繁荣昌盛、人民安居乐业的和谐、可持续发展的生态城市建设理念与实践正在世界各国逐步展开，并体现出与传统城市比较而言，城市人居环境清洁、舒适、优美、安全，技术与自然达到充分融合，高新技术及产业占主导地位，社会保障体系完善等优点，如表 1.1 所示。于是，生态城市的构建就既成为自然环境可持续发展的重要构成要素，又成为社会可持续发展的重要推动者。

表 1.1　传统型城市与生态城市主要区别比较表

比较内容	生态城市	传统型城市
基本特征	社会和谐、经济高效、生态良性循环	社会构成多样、非农业性经济、密集型空间
地理空间概念	城乡融合	独立于周边乡村
资源获得方式	友好式	掠夺式
存在基础	社会、经济、自然协调发展	经济发展
经济发展模式	集约内涵式	粗放外延式
评价指标体系	科学严密	简单零散
产业结构	三次产业结构按比例协调发展	二、三产业的非农经济主导

综上所述，显然作为可持续发展战略实施中一个极为重要的组成部分——城市的可持续发展，其重要性及紧迫性终将使其必然成为国家及地方政府工作的重要任务之一。因此，国家环境保护总局曾于 2003 年就开始推动《生态县、生态市、生态省建设指标（试行）》等文件的区域试点，此后又结合各地发展的实际，进行了多次调整与完善，最终于 2008 年再次颁布了《生态县、生态市、生态省建设指标（修订稿）》，文件中将生态城市定义为"生态环境和社会经济协调发展，各个领域基本符合可持续发展要求的地市级行政区域"。基本确立了以经济发展、环境保护、社会进步为一级分类指标，向下扩展有能够充分体现其状态、特征的多项二级标志指标以及参考

标准，并提出要努力将生态城市作为地市级生态示范区建设的继续、发展和最终目标。提出在建设生态城市过程中，生态城市建设的主要标志性项目包括：①自然资源能够得到合理利用和有效保护，环境污染基本消除，生态环境良好且向更高层次发展；②以循环经济、低碳经济为发展理念的社会经济快速、可持续发展；③环境保护法律、法规、制度能够得到有效的贯彻与执行，基本形成稳定可靠的生态安全保障体系；④人与自然和谐共处，生态文化有丰富及深入的发展；⑤城乡环境整洁卫生、优美宜人，人民物质文化生活质量全方面提高等内容。

同时，在社会发展体系中，各产业、部门作为社会提供商品或服务的生产者及组织者，是现代社会存在的物质基础和社会经济持续发展的推动者。实践也证明生态环境的可持续性要求与产业经济的发展模式密切相关，特别是继经济技术开发区、高新技术园区之后的第三代工业园区形态——循环经济工业园已成为利用工业生态学与循环经济理论设计或改造形成的一种新工业组织形态，其作为一种特殊形态的产业集群，对区域经济可持续发展有着重要的实践性和可行性。因此，结合各产业发展的特性，并将其与城市可持续发展联系起来加以研究和分析是真正实现社会可持续发展的必然选择，也由此增大了城市生态化建设、产业发展布局与结构调整的压力及动力。

目前天津作为我国北方经济中心、物流中心等重要发展基地，其可持续发展要求的迫切性已然明确，但是区域内部分部门、行业的发展仍没有完全摆脱高耗能、高污染、低产出、低效益的粗放型发展模式。因此，如何以可持续发展的科学发展观来实现产业结构升级、行业企业间良性竞争、以科技含量提高经济及社会效益、宜居环境优化等问题正摆放在人们的面前，这也成为本研究的主要出发点。

1.1.2　研究意义

首先，当前构建生态型城市已成为顺应城市演变规律，推进城市保持快速、健康发展的必然选择，其符合党中央提出的"可持续发展"与"科教兴国"两大战略的需要，也是逐步缓解城市发展中日益突出的生态矛盾，进而解决"城市病"难题的主要手段。由此可以说，城市生态化建设在国家及区域可持续发展中扮演着十分重要的角色，而更深入、具体、针对性地研究天津生态城市建设及可持续发展的策略及措施同样具有非常重要的现实意义和经济、社会价值。

与此同时，党的十四大报告中提出将环渤海地区的开发、开放列为全国发展的重点区域之一，国家有关部门也正式确立了"环渤海经济区"的概念，并对其进行了单独的区域规划。其中作为"环渤海经济区"① 组成之一的天津市，既是沿太平洋西岸的重点建设的大型城市，又是中国北部沿海的黄金海岸之一，在国家对内、对外开放的沿海发展战略中具有非常重要的地位和意义。因此，天津的可持续发展与建设就成为为实现环渤海经济圈的经济腾飞、发挥优势互补下的区域间有效联合、推动我国区域发展过程中特定城市的发展定位、增强城市国内外竞争力和协调力等任务的基本保障。

其次，借助在构建天津生态城市过程中对于产业经济发展改革策略的研究，其也能够促进产业发展管理水平的提高，进而增强产业节能管理和技术的改造，推动节能型企业的建立与成长，引导节能行业、产业的快速发展，最终形成良好的城市环境管理体系与产业结构。同时，还能够在行业、企业内部不断提高的节能意识、资源意识和环境意识的基础上，提升资源利用效率，为实现我国经济、社会和环境三者的全面协调可持续发展，实现新型工业化和城市可持续发展战略目标做出应有的贡献。

此外，依托对建设天津生态城市的研究，既能够推进城市以高起点抢占世界绿色科技先进领域发展绿色生产力，提升城市的整体素质、国内外的市场竞争力和城市形象，还能促进人民生存质量的提高，满足天津及其他城市人民对生活追求从数量型转为质量型、从物质型转为精神型、从户内型转为户外型等高层次的需求，实现真正的"和谐"社会。

总之，研究在天津市等区域经济的发展过程中，如何以技术的进步、生产及生活方式的变革、观念及制度的创新等产业发展策略来实现人民生活水平高品质的提升及可持续性发展具有很强的实践意义，也是使现代化新型城

---

① 环渤海地区是指环绕着渤海全部及黄海的部分沿岸地区所组成的广大经济区域，包括北京、天津两大直辖市，以及辽宁、河北、山西、山东和内蒙古中部多个地区，共计五省（区）二市。

市得以持续、快速、协调、健康发展的必由之路。

§1.2 国内外生态城市研究综述与评价

自 20 世纪 70 年代以来，随着世界范围内的环境污染、资源浪费、气候变异、温室效应突增、能源短缺、人口剧增、粮食危机等问题的加剧，其不仅威胁着城市人口的安居，也因旱涝灾变、沙化、尘暴等自然灾害频繁而使人类社会面临着不可持续发展的严重危机。于是，反思城市化过程的得失，人们开始在更加重视理解自然发展规律的基础上，应用生态学原理和方法来研究城市社会经济与环境协调发展的战略，探索新的城市演化模式，力求促使城市这一人工复合生态系统实现良性循环，由此而提出了城市建设生态化要求，并以此为前提展开了生态城市理论的研究与应用。

1.2.1 国外生态城市研究

以 19 世纪英国社会学家 E. Howard 提出的"田园城市"思想为萌芽，在对 20 世纪 60 年代以来全球、区域和地方环境污染和生态破坏的深刻反思后，社会各界人士开始对自我生存方式、生活方式、城市建设发展模式有了新的选择和认识，由此提出了城市建设生态化的命题，也就开始了构建生态城市的理念、思路、制度技术、政策等起步性的探索。

其中，早期有较深远影响意义的论著有 19 世纪末至 20 世纪初德国韦伯的《城市发展》、英国吴温的《过分拥挤的城市》、盖迪斯的《进化中的城市》、美国帕克的《城市环境中人类行为的几点建议》等。而 20 世纪 60 年代以后，在 R. Carson 的《寂静的春天》、罗马俱乐部的《增长的极限》、米都斯等的《只有一个地球》等专著的推动下，全社会各阶层对城市生态系统的紧迫性认知迅速增强。由此，1971 年联合国教科文组织在"人与生物圈（MAB）"计划第 11 项中就提出了"关于人类聚居地的生态综合研究"，并将"生态城市"这一概念广泛地扩展到世界各地，也使得人类社会及"城市"进入到崭新的发展阶段。

现代生态城市理论相对成熟于 20 世纪 80 年代。1981 年苏联生态学家 O. Yanitsky 把生态城市设计及实施详尽地分成三种知识层次和五种行动阶段，进而探讨生态城市建设理论的实际应用效果。于是此后，基于生态城市建设实践的"生态城市示范计划项目"就成为世界各国城市研究与关注的热点，如 1992 年美国城市生态学会前主席 Register 领导及实施的美国加州伯克莱生态城市计划等。近年来，生态城市建设的城市主体又逐步从试点成功的中小城市向一些城市空间较大、产业形态复杂的国际大都市扩展，如纽约、伦敦、东京、新加坡等国际性大都市都先后提出建设生态城市（或循环型城市）的战略目标。

生态城市研究初期的理论核心在于对城市发展存在生态极限的认知，理论主要基于生态学原理在城市中的运用，并从生态学角度提出了解决城市弊病的一系列对策。但随着学科的发展，生态城市理论又逐步从横向扩展，并与社会学、经济学等人文科学进行相互渗透，成为一门研究人类与自然的横纵综合的系统化学科。在理论探索上，20 世纪 90 年代后期，澳大利亚城市生态协会（UAE，1997）和欧盟等都较为深入地提出了生态城市发展原则，强调对现有城市系统不合理内容的改造，针对城市中已存在的不可持续现实问题提出了很多具体措施。唐顿甚至把生态城市的作用提高到决定人类命运的高度，认为生态城市是治愈地球各种疾病的良药，生态城市建设能够拯救当今世界全人类，由此唐顿提出了包括道德伦理及人们对城市进行生态修复等一系列的计划活动。在生态城市的演进模式上，多米尼斯基非常具体地提出了三步走的模式，即"减少物质消费量→重新利用→循环回收"的综合运行过程。总之，各国学者在对生态城市建设理论与原则的认知上，已逐步从最初简单的强调生物多样性、土地开发、城市交通等自然特征为指导，发展为涉及城市社会公平、法律、经济、产业组织与结构、技术、生产及生活方式和公众生态意识等多层面的综合体系，所提出的建设原则与措施更具有较强的操作性和实践意义。

与此同时，许多有较强影响力的国际会议也非常关注"城市生态化建设"这一命题，如 1992 年在斯德哥尔摩和赫尔辛基举行的欧洲生态建筑会议、在里约举行的联合国环境发展会议，1995 年 10 月在苏格兰举行的生态村庄会议，1996 年在伊斯坦布尔举行的人居大会等也都大力倡导建设生态城市，且均提出了大量有益的建设性建议，并依托国际会议平台签署了大量的相关技术合作协议。特别是从 1990 年开始在美国加利福尼亚的伯克莱城召开的"第一届国际生态城市研讨会"，12 国会议代表介绍了生态城市建设的理论与实践，对生态城市设计原理、技术、方法和政策进行了深入探讨，此后 1992 年在澳大利亚的阿德莱德（Adelaide）、1996 年在西非塞内加尔的达喀尔（Dacar）、2000 年在巴西的库里蒂巴（Curitiba）、2003 年在中国的深圳分别举行了第二、三、四、五届国际生态城市会议，为生态城市建设理论与实践提供了相互交流经验的良好氛围，也促进了世界各国生态城市建设的快速发展。

1.2.2 我国生态城市的探索

我国生态城市的思想历史悠久，早在《易经》《管子》等古代著作中就提到了"天人合一""因天材，就地利"等生态聚居思想。但就系统的、科学的现代生态城市理论研究而言相对较晚，一般认为是到了 20 世纪 80 年代，伴随着社会经济快速发展与生态环境矛盾问题的日益突出，于是有一些规划学、地理学、生态学、环境科学以及社会学等方面的学者才开始投入对生态城市的分析与探索。

此后，建设生态城市成为工业化城市发展的主要方向，并被看作是可持续发展城市的实现形式。对生态城市建设的研究重点也从早期单一的污染控制开始，逐步形成注重生产和消费过程的低消耗、低排放、清洁化等方面系统化的研究，众多不同学术界的学者也从各自角度提出了大量具有建设性的理论研究基础。如国内生态学者马世骏和王如松（1984）提出了著名的"社会—经济—自然复合生态系统"的系统理论，明确指出城市就是一个典型的"社会—经济—自然复合生态系统"。王如松（1994）还以中国古代历史文化为背景提出了建设"天城合一"的中国生态城思想，认为生态城市的建设需要满足"令人类生态学满意""令自然生态学和谐""令经济生态学高效"的三个基本原则；并由此给出生态城市建设中可以依据"胜汰原理""生克原理""反馈原理""多样性及主导原理""循环原理"等生态控制论原理，同时考虑到城市生态关系有"时""空""量""序"四种表现形态，所以对生态城市的调控及衡量指标设计就"需要包括城市物质能量流畅程度的生态滞竭系数、城市合理组织程度的生态协调系数、城市自我调节能力的生态成熟度等的测度"①。由此可以看出，生态学界学者在生态城市理论研究中从专业角度出发，已经进行了较为深入的探索及研究。

我国生态城市研究中的规划界学者则更多地偏重于在体现生态城市的思想过程时对于城市规划相关理论的分析。如黄光宇等（1997）认为生态城市就是依据生态学原理而构成的城市区域内社会、经济、自然综合性的复杂生态体系，故而需要应用生态与系统工程、社会学等现代科学与技术手段来实现建设社会、经济以及自然均可持续发展的、城市居民满意的、生态良性循环的人类聚集住区；其还从生态社会学、城市生态学、城市规划学、地理空间等多角度阐述了生态城市的含义，并提出生态城市的创建目标应以社会生态、经济生态、自然生态三方面来确定，在此基础上设计了生态城市的规划设计方法和"三步走"的生态城市演进模式。胡俊（1996）认为建设生态城市需要通过扩大自然生态容量（如提高绿地率等）、调整经济生态结构（如发展洁净生产等）、控制社会生态规模（如进行城市人口的合理布局等）和提高系统自组织性（如建立有效的环保及环卫设施体系等）等一系列规划措施及手法来促进城市经济、社会、环境协调发展。而梁鹤年（1999）以可持续发展为指导思想，提出基于生态主义建设的城市应该是生态完整性的、人与自然能够充分体现生态连接的，于是认为城市规划需要考虑城市自身的实际密度状况，若城市形态本身是有紧凑性的特征，城市化就需要着重围绕自然生态的完整性来进行；而若城市纹络本身是稀松的，那城市化则需要着重根据城市社会系统以及自然系统各自的需要来进行规划。同时，结合地区实际情况，上海规划界的知名学者宋永昌（1999）还明确提出了评判生态城市系统性的、可行的主干指标体系以及相关评价方法；而北京大学毛志锋等（2001）还以广州市为例，运用系统动力学和系统生态学方法探讨了城市生态环境规划的原理和实践方法。

---

① 王如松.山水城市建设的人类生态学原理—城市学与山水城市 [M].北京：中国建筑工业出版社，1994.

此外，一些知名学者也提出产业结构的调整与优化对于生态城市规划、经济增长、城市生态建设等具有重要支持作用，如江小军（1997）就对生态城市的系统结构、产业发展及运行机制和空间形态等层面进行了较为细致的分析；刘建军（2001）认为，生态城市规划最主要是实现城市发展与自然环境的协调与配合，合理把握城市的扩展规模与综合环境质量的集聚度，在加强园林绿地系统规划力度，推广"绿色运动"的基础上统筹规划市区与郊区对复合生态系统等，而为此就需要构建再生循环利用产业体系等经济与生态和谐发展的建设措施；叶文虎（2001）、冯之俊（2004）、魏一鸣和孙国强（2005）等则主要从可持续发展理论与循环经济原理出发对城市生态化建设提出了发展模式的分析与实践探讨；而邓伟根（2005）、鞠美庭和林峰（2006）等也纷纷提出以产业生态化搭建循环经济型生态城市产业体系，在实现产业可持续发展的基础上推动城市的可持续发展及生态城市的建设。

同时，自20世纪80年代以来，特别是海南在1999年率先获得国家批准建设生态省的背景下，我国很多省市均逐步开展了生态省、生态市建设的实践探索。如威海、宜春、上海、长沙、扬州、广州、宁波、昆明、天津、成都、贵阳、深圳、厦门、铜川、十堰等众多大中型城市都编制了较系统的城市生态经济建设规划，提出建设生态城市的阶段性具体建设目标，且常熟市、日照市等构建的"生态城市"及"生态经济开发区"还取得了明显成效，并在国内已具有一定的示范效应。而其中，天津市是自1996年开始提出建设生态型城市的思想及城市规划，并于2001年将生态城市建设以目标的形式落实于政府发展规划文件中，由此带动一批以南开大学、天津大学的研究学者为代表牵头的天津生态城市建设研究，如鞠美庭、吴静等以生态城市评价指标为基础分析了适宜天津市生态城市建设的指标体系，王静（2001）、杜忠晓（2006）等结合国内经验探讨了天津市建设生态城市的可行模式，此后随着2007年天津市与新加坡合作的中新生态城项目的展开以及生态城市建设论坛等学术会议的举行，更是加快了对于天津构建生态型国际港口城市的研究与探讨，如杨保军、董珂（2008）等就以中新天津生态城总体规划为例深入探讨了天津生态城市规划与建设实践等内容，并更加明确地论证了发展循环经济以及生态产业园建设是促进天津建设生态城市的必然选择。

总之，可以看出我国学者结合国情、地情实际，在生态城市的建设理论、原则、步骤及策略等方面都做出了大量有益的探索，研究成果丰富。

1.2.3 国内外生态城市研究成果

从国内外研究成果来看，基本体现了一个共识，即城市生态建设是按照生态学原理，以空间的合理利用为基本目标，科学、系统地协调人与自然、人与社会、城市内部组织结构与外部环境等之间的相互共生关系，促使城市居民对于区域空间环境的结构功能、利用方式、作用程度等方面实现与自然生态系统相适应，最终为城市居民及全人类创造一个生态安全、美丽整洁、便捷舒适的工作和居住环境。可以说，生态城市作为社会—经济—自然复合生态系统，其以"人与自然""人与社会""自然与社会"间和谐发展的绿色文明建设理念为基础，所采取的一系列科学技术、保障制度、支持政策等建设措施，至今已形成了一些研究与实践的成果。

就生态城市思想及理论的形成而言，其涵盖了科学技术和自然的融合应用、社会综合效益的取得、人类创造力与生产力的最大限度发挥等众多的哲学、经济学、生态学、社会学等多层次的认识与理解。其中，如若从哲学角度解释生态城市的发展，其强调的是人与自然的和谐——即"天—地—生—人"的动态合一，是人的自然化与自然的人化的必然均衡选择，是城市居民及人类对于社会关系、价值取向和文化水平达到很高层次的一种意识形态；如若从经济学的角度理解生态城市的产生，则其认为生态城市是在强调人类社会城市物质富足的同时，也强调经济发展的生态性需要，即需要采取有利于保护自然环境且又有经济效益的生态技术，建立良好的生态产业体系，实现物质生产和社会生活的"生态化"的"集约内涵式"经济增长方式，由此诸如太阳能、水电、风能等绿色能源必将成为主要能源形式，而不可再生的自然资源也必将逐步实施循环利用；如从城市生态学角度来看，生态城市作为"社会—经济—自然"复合生态系统，只有保障复合系统的结构合理、功能稳定才能够真正实现动态平衡，因此生态城市不仅需要有良性有效的生产能力，还需要具有必需的自我还原、自我缓冲功能，以及相关自选择、自组织、自管理等较完善的生态运作机制；而如若从社会学的角度出发，生态城市非常重视及倡导生态价值观、生态伦理、生态意识，并表现出对于教育、科技、文化、道德、法律制度等都推行"生态化"发展，且力图建立城市居民自觉保护环境、促进人类发展的公平公正、安全舒适的优良社会环境与氛围。

综合来看，国内外生态城市研究与示范建设成果，其总趋势是从以研究城市"元件"生态到整体生态系统的研究目标的升级；是纯粹单一学科到涉及经济、环境、心理、文化等多学科的整合；是从纯自然到人与自然相结合的研究进程，且研究的重心从强化人类中心模式传递到了人与自然合一的生态中心模式。而在其研究发展中，已促使学术界、政界、企业界、公众都普遍意识到，城市中的人、生物与环境是一个相互依赖、共同发展的密不可分的系统性整体。

目前，生态城市研究更注重具体的系统设计与技术特性，强调针对城市现实中的一些具体问题（如小排量汽车与高档消费文化的矛盾等）提出保障生态城市建设的系列性方案，其理论与实践结合得非常紧密。如雷吉斯特针对美国城市低密度现状，提出了包括开发权的转让等改造措施，明显表现出一定的实践意义。比较而言，国内的生态城市理论研究和建设实践起步较晚，其研究在秉承中国传统文化的特征上表现较多，并以环境学科为基础主要集中在生态学界和规划界进行研究，所以在建设生态村、生态县和生态市规划方面做了大量有益的工作，但影响力大、成效明显的生态城市示范性实践成果还有待持续探索。

§1.3 研究内容

1.3.1 研究思路

生态城市建设是否符合经济理性是一个长期被质疑的命题，在多数人看来经济发展与生态平衡永远是一对矛盾，要快速发展就不可避免地会造成生态损失，而注意了生态平衡就必然会减慢经济发展步伐。因此，有人提议发展中国家的城市建设主要任务是发展经济，只有等到经济发展到较高水平之后再顾及保护生态环境的问题，这也是对生态城市建设提出质疑的主要依据之一。这种把生态平衡与经济发展相对立的观点在区域发展中虽然是实际存在的，但实则是一种狭隘的、片面的认识，于是包括英国学者舒马赫在内的学者都曾对这种悖论进行了讽刺和批判。此后又有事实证明，经济发展和维护生态平衡之间在合理的机制安排下是能够更多地表现为一致性的，依据"兼顾"的一体化设计——构建生态城市体系就是解决难题的钥匙。生态城市作为一个包括经济、社会、文化和环境多项因素在内的综合性概念，是一个强调和谐、可持续发展的理念，是以经济高效、健康发展为基础的环境友好型的建设过程。在生态城市的"自然可以承受，社会可以承受"的基本原则下，其建设既能满足全体民众的真正物质需要，又不至于破坏人类的生存环境，是能够实现生态系统良性循环的经济可持续发展。由此可见，城市发展需要在经济、社会、自然联合发展的基础上，进行生态化改造的可持续发展战略，而可持续发展战略的经济体现又主要是通过循环经济、低碳经济的经济发展模式表示出来，所以构建生态城市必须依托循环经济、低碳经济的发展理念与策略。

其中，把经济活动组织成"自然资源——产品和用品——再生资源"反馈式流程的循环经济能够使得所有原料、能源在循环运行中得到最合理的、高效率的利用，从而降低对生态环境的破坏；而基于节能减排理念下的低碳经济同样也是要实现经济活动对自然环境的产出影响控制在尽可能小的程度，从而保障生态可持续与社会可持续的长期存在。然而，这些原理在实践应用时，均需要借助企业、行业、部门等产业运行要素为载体才能真正实现。因此，在构建生态城市实践中产业发展模式的调整至关重要，需要以循环经济原理来安排、布置各产业的发展模式，规划重点产业的发展方向；以低碳经济原理来挖掘新型高新技术产业项目，调整淘汰高能耗、高污染、高排放的落后产业等。

在建设生态城市的过程中已经不能再走单一的工业园区、开发区等老路，需要遵循生态道德，在技术开发上要保护资源与环境，按照生态产业园区的建设思路和模式来规划和实施。由此，本研究提出了基于循环经济、低碳经济机制下的产业发展策略带动天津生态城市建设的思路和实现方案，如建立循环产业链经济试点区、改造老工业区为生态产业园、发展生态农业产业链、推动服务业的生态化机制、扩展节能减排的低碳技术支撑下的新产业等。在经济发展是构建生态城市的生机和活力、是长期建设的基础的思路下，提出完善相关政策法规、技术平台、激励机制等保障措施，最终实现构建循环型、低碳型的自然—社会—经济良性互动的综合城市体系。

舒适宜人的生态城市是人类物质、精神文明相结合的理想生活环境，也是城市生态化建设的成果。对生态城市的研究是建立在城市自然、经济和社会各个子系统的综合分析基础上的，因此本研究还将以系统综合的思路对天津生态城市建设目标、运行机制、发展途径等多方面构成进行分析与设计，并在对天津市产业生态化程度进行评价的基础上，为以产业发展推动天津生态城市建设提供借鉴和参考。

1.3.2 主要研究内容

本研究包括导论共 8 章，按照逻辑递进关系，全部内容可以划分为两大块：理论研究与实证分析，理论研究主要在第二、三、四章部分内容，实证分析包括了第五、六、七章。

其中，理论研究部分的主要内容为：

第二章概述了生态城市的特征和内涵等基本内容，并对支撑生态城市的可持续发展理论、循环经济理论、低碳经济理论等进行了理论介绍与分析，进而为后续研究奠定必要的理论基础。

第三章详细研究了生态城市评价指标与方法，为此后的研究提供技术支持。

第四章先以生态城市建设的主要内容、原则、模式等为出发点，在分析生态城市建设及发展的实践与经验的基础上，深入研究了生态城市建设与产业发展间的相关性，明确了产业发展对生态城市的积极影响作用。

实证分析部分的主要内容有：

第五章首先对天津市的自然资源条件、经济发展现状、环境保护现状等生态城市建设条件进行分析，进而对天津生态城市发展评价指标体系等生态城市建设现状加以技术分析，从而为天津生态城市建设提供了数据支撑，同时还对天津产业发展特征进行了较为详细的介绍及展开。

第六章首先对天津三次产业及生态环境污染数据进行了综合性研究，然后对产业发展与城市环境的 SWOT 加以剖析，进而对构建生态产业系统进行详细的可行性论证，明确提出调整产业结构，发展循环经济、低碳经济是天津生态城市建设的发展方向。

第七章是在前期研究成果的基础上，综合规划为实现生态城市的建设目标，天津在产业发展中需要着重采取的策略与措施的分析，也是本研究的最终研究成果与目的。

最后第八章是对全文的概述性总结，并对此后可能的更深入的研究提出展望。

§1.4　研究方法

本研究依托阅读大量的国内外相关文献资料，综合运用经济学、管理学、系统学、生态学等学科理论基础及方法，对天津城市及产业可持续发展的现状、目标、指导思想、重点与对策等内容加以分析，在研究的过程中主要采取了以下研究方法：

（1）综合研究法

通过对可持续发展理论、产业可持续发展理论、生态城市理论、循环经济理论、环境评价理论、生态产业理论等理论的综合运用，归纳了生态城市发展的特征及障碍、可持续发展的内涵，追溯了循环经济、低碳经济的形成和机制，探讨了循环经济、低碳经济与产业可持续发展的关系以及对生态型城市发展的作用，实现了较全面的分析产业发展的方向、阶段等对生态城市建设的影响与作用，进而为提出基于产业经济发展下的生态型城市发展途径与建议奠定理论基础。

（2）应用研究法

在理论和实际调查研究的基础上，选择天津市作为研究的实际代表，以生态城镇、循环经济等专题调研为第一手资料，对天津城市生态化建设的现状加以分析；再运用生态城市发展评价指标体系与评价方法，找出建设天津生态城市中产业发展的优势与不足，从而为提出循环产业、低碳产业等生态城市建设方案与规划提供可行性资料，实现理论与实际的相结合。

（3）系统分析法

生态城市的建设既离不开微观性质的企业、个人等主体的参与，又离不开产业、部门等中观主体的带动，更离不开国家、地方政府宏观上的把握，且在国民经济、社会、自然等综合因素影响下，研究必然是需要系统地将宏观—中观—微观相结合、经济—社会—环境相结合的系统性探讨分析。

（4）比较研究法

研究城市发展是一个需要静态与动态结合的纵横比较过程，既要对其可持续发展的历史、现状、趋势运用动态方法进行对比，又要对国际国内相近城市的生态化建设加以借鉴和学习，而这也是规范与实证的结合过程，只有在以典型生态城案例作为实例研究的基础上，才有可能科学合理地探索出真实、可行、有效的符合天津发展要求和特色性的生态城市可持续发展的策略及路径。

（5）定量与定性结合分析法

生态城市的建设离不开技术指标的度量，就需要采用适量的定量研究方法加以分析，本研究运用大量的统计数据、统计指标对天津城市发展及环境状况进行比较研究，以生态城市发展评价指标体系与评价方法为技术基础，从而为论证构建天津生态城市的产业可持续发展策略时提供明确而具体的目标提供了科学依据。

第二章　生态城市的基本理论

§2.1　生态城市的内涵

2.1.1　生态城市的界定

2.1.1.1　城市的定义与城市化发展

　　城市是伴随着社会生产力发展要求下的分工合作机制而产生的，是人类从适应环境到利用环境，再到改造及重建环境的产物，是当前人类主要的生存空间。城市一般被定义为是具有一定的人口规模，并以非农业人口为主的人口居住地，即是一个人口集中、人们改造自然程度较强的一种人居环境[①]。城市依据自然环境为支撑条件，借助科技与生产力的驱动，使得区域内的经济、文化、政治的融合增强，辐射能力扩大，进而推动着城市内经济、社会、文化的发展，并表现出城市组织给人们带来的优劣感知（见表2.1）。且在城市发展进程中，在人、生物和非生物环境长期的相互影响下，也逐步形成了城市中以人为主要机体的综合系统，即是一个由社会、经济和自然以及基础设施多个子系统构成的综合体系（如图2.1所示）。

---

① 中国大百科全书（建筑、园林、城市规划）[M].北京：中国大百科全书出版社，
　　1988.

表 2.1　城市的优势与缺点①

优势表现			缺点		
顺序	项目	比率	顺序	项目	比率
1	能享受文明的恩惠	47.7	1	交通事故较多	54.1
2	便于子女接受优质教育	42.2	2	缺乏自然景观	45.1
3	有丰富的消费生活用品	39.6	3	对健康不利	36.6
4	有各种各样的工作机会	39.6	4	物价高昂	33.6
5	人际交往的良好条件	27.9	5	因公害而人心不安	24.0
6	有发挥才能的机会	27.5	6	人多混杂，易使人焦躁	22.4
7	有较为自由生活的条件	16.2	7	住宅条件恶劣	19.6

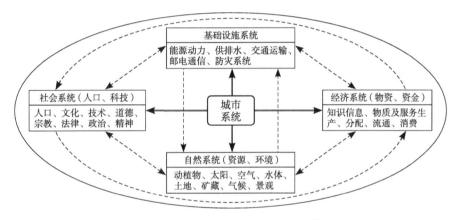

图 2.1　城市体系的综合系统结构图②

纵观历史，城市的演化过程还历经三次重大的"质的飞跃"——从以自然为本模式到以单纯的经济增长为本模式，再到经济与环境协调发展和以人与自然的和谐统一为本模式的城市演化历程。同时，正如吴良镛（1992）所指出"世界正在由'城市化世纪'走向'城市世纪'"，鲜明地概括出了 20 世

---

① 王如松. 高效·和谐：城市生态调控原则与方法 [M]. 长沙：湖南教育出版社，1988：90.

② 改编于王如松. 山水城市建设的人类生态学原理——城市学与山水城市 [M]. 北京：中国建筑工业出版社，1994.

纪与 21 世纪两个世纪的对比及特点。其中，城市化（又称都市化或城镇化）是建立在区位、规模、聚集、外部等经济与效应基础上的人口不断向城市区域集中、产业重心由第一产业向第二、三产业转化、农村地域向城市地域演进的过程，包括了人口结构转换、地域空间扩张、生态与经济的发展等方面的内容。由此，希腊建筑师及城市规划专家 C. A. Doxiadis 甚至在 20 世纪 60 年代就预言了"普世城（环球大都市）"的出现。可以说，人类的发展必将会取决于城市的发展，城市的未来一定程度上也就是人类的未来，因而探索城市的发展也就必然要从城市演进模式进程中的现代形式——生态城市出发。

2.1.1.2 生态城市的概念

当前，尽管构建生态城市已成为当前社会普遍探讨的议题，但由于其研究的学者、机构有着各异的学科背景、不尽相同的出发点等，从而使得对"生态城市（ecological city 或 eco-city）"的定义在不同时期、不同角度下有着多种表达。且在思想起源及发展过程中"生态城市"还与"田园城市""园林城市""山水城市""绿色城市""绿化城市""健康城市"① 等认识存在着一定的交叉，且还有"卫生城市"② "环境保护模范城市"③ "清洁生产城市""宜居城市"等国家、部门、行业角度提出的相关概念，这些都更加使得"生态城市"概念的确定存在着复杂性、多样性。

在理解生态城市之前，首先要追溯并了解"生态"的内涵。"生态"源于希腊文词汇 Oikos，原意为"住所"及"家"，德国科学家 Haeckel（1869）首

---

① "健康城市"是世界卫生组织在 20 世纪 80 年代中期发起的"城市与健康计划"中提出的概念。其主要目标是促使人们尤其是城市当局对改善城市生活条件、医疗条件和卫生环境的重视。

② 全国爱卫会自 1989 年开始评比"国家卫生城市"活动，推动城市普遍存在的"脏、乱、差"等问题的解决，以加强城市基础设施建设、提高城市环境质量、完善城市管理法规等。

③ 1996 年国家环保局决定在全国开展创建国家环境保护模范城市活动，通过活动以树立经济协调发展、环境质量优秀的环境保护模范城市，并以此推动我国城市环境保护进程，评比的考核指标包括社会经济、环境质量、环境建设和环境管理 4 个方面。

先将该词汇赋予科学含义，并提出生态学概念（即研究有机体与其生活环境之间相互关系的科学）。于是"生态"一词常常意指生物等有机体及与其生活环境所形成的结构及功能关系（即能量流、物质流、信息流等）。在汉语中"生态"首先是字面上的"生存状态"的意思，是指人的家园和住所，此后又扩展为更深入的人文及社会内涵。因此，生态城市必然具有"人与自然和谐与共的家园"之含义，即是指基本结构和功能符合生态学原理，社会、经济、环境协调发展，能量、物质、信息高效利用和高度开放，人民安居乐业的城市，或者说生态城市是一种社会和谐、环境宜人、经济高效的人类居住区。①

联合国教科文组织曾经在"人与生物圈"计划中确切将生态城市定义为"从自然生态与社会心理这两方面去创造一种能够充分融合生态科学技术与自然的人类活动的最优环境，诱发人的创造力和生产力，提供高水平的物质以及良好生活方式"②。

苏联生态学家亚尼茨基（O. Yanitsky，1984）指出："生态城市是一种理想城市模式，是按照生态学原理建立的技术与自然充分融合，人的创造力及社会生产力得以最大限度的发挥，物质、能量、信息获得高效利用，社会、经济、自然协调发展下的居民的身心健康与环境质量得到最大限度的保护的人类聚居地。"

美国生态学家理查德·雷吉斯特（R. Register）在其专著《生态城市伯克利》(1987)中把生态城市定义为"充满活力与持续力的生态健康的城市，其寻求的是人与自然的和谐共居、节能、有活力的聚居地"。环境学家罗斯兰德（Roseland）也在其论著中提到，生态城市并不是独立存在的，其概念中包括了可持续的城市发展、绿色运动及绿色社区、健康社区、社区经济开

---

① [日] 岸根卓郎. 环境论——人类最终的选择 [M]. 南京：南京大学出版，1999：332.

② MAB是联合国教科文组织于1971年开始执行的一项国际性的长期研究与培训计划，旨在通过对人与环境的关系进行多学科的综合性研究，为合理利用与保护生物圈资源、改善气候与环境的关系提供理论基础。该计划曾在世界范围内进行了数十个城市生态系统的专项研究（如香港、罗马、法兰克福等城市生态系统综合研究与区域规划研究等），还先后召开了很多次城市生态学国际会议。

发、优良技术、生物区域主义、土著人世界观、社会生态等多方面的大综合理念。

澳大利亚学者唐顿（1992）提出："生态城市就是人类内外部（即人与人、人与自然）之间实现综合平衡的区域，是对包含道德伦理在内的一系列生态修复过程。"

我国著名的生态学者马世骏认为："生态城市就是以社会—经济—自然复合生态系统理论为指导进行城市建设及发展。"

黄光宇提出："生态城市是根据生态学原理，综合研究城市生态系统中人与'住所'的关系，应用生态工程、社会工程、系统工程等现代科学与技术手段来协调城市经济系统与生物的关系，保护及合理利用一切自然资源与能源，提高资源的再生性与综合利用能力，提高人类对城市生态系统的自我调节、修复、发展而建设的，体现出社会与经济及自然的可持续发展、居民满意、经济高效、生态良性循环的人类住区。"[①]

陈予群将生态城市定义为："是指在一个城市的行政区域内，根据城市所属区域的自然禀赋出发，以人与自然和谐共生为核心，将生态环境作为城市发展的制约因素，在促使城市经济持续发展的前提下，提高生产力，建设有利于城市协调发展的人工复合系统，保障城市环境清洁、优美、舒适。"

王祥荣提出："生态城市是指社会、经济、自然协调发展，物质、能量、信息高效利用，基础设施完善、布局合理、生态良性循环的人类聚居地。"

黄肇义、杨东援将生态城市定义为："是全球或区域生态系统中分享其公平承载力份额的可持续发展子系统，是具有人文特色的自然与人工协调、人与人之间和谐的人居环境。"

万方珍认为："生态城市是指在生态系统承载范围内，运用生态经济学原理和系统工程方法建设起来的城市，生态城市的衡量标准包括三个方面：发达的生产力、先进的生产关系、满意的生活质量。"

薛达还在基于"绿色城市"的思路下，提出："生态城市是在'绿色城市'的基础上，按生态平稳、能量输出与输入平衡等标准建成的城市。"

《现代经济学辞典》中将生态城市直接定义为："可持续发展的城市，即

---

① 黄光宇.生态城市理论与规划设计方法[M].北京：科学出版社，2002.

要求从自然界获取的资源不能超过环境再生能力，自然资源的再生能力要大于经济增值对资源的需求，排入环境的废弃物不能超过环境的容量。"

住房和城乡建设部原副部长仇保兴还曾将生态城市简言概括为："是指有效运用具有生态特征的技术手段和文化模式，实现人工—自然生态复合系统良性运转、人与自然、人与社会可持续和谐发展的城市。"

综上可见，对于生态城市的定义不同的专家、机构有不同的看法，其虽并无绝对的统一，但也存在着一定的相对一致性，总体来说都肯定了生态城市是城市可持续发展的高级模式，即是以地区资源环境条件为基础，以地区经济发展水平为条件，运用城市生态学原理，在可持续发展理论指导下，城市建设高效、和谐、健康、有序发展的高级阶段。

由此可以综合概括出生态城市的广义与狭义的概念，狭义的生态城市就是按照生态学原理进行城市设计与开发，建立起的社会、经济、自然协调发展，物质、能量、信息高效利用，生态良性循环的人类聚居地。广义上其是建立在人类对人与自然关系更深刻认识基础上的新的文化观，是按照生态学原则建立起来的社会、经济、自然协调发展的新型社会关系，是有效利用环境资源实现可持续发展的科学的新型生产和生活方式。

2.1.2　生态城市的基本特征

在城市演化过程中，不同的历史阶段呈现出了不尽相同的城市发展特征。其中，生态城市作为城市演进模式进程中的现代形式，是基于生态规律为前提，以建设社会、经济和自然子系统间的和谐发展、功能高效、结构合理、关系协调的良性复合生态系统为核心目标的一种新型城市发展模式。与一般城市比较而言，生态城市的复合生态系统结构更能表现出城市的环境清洁美丽，生活健康舒适，人尽其才、物尽其用、地尽其利，人和自然协调发展，生态良性循环等优势，从而具有和谐性、合理性、整体性、协调性、可持续性、高效性、区域性、开放性等表现特征。

2.1.2.1　和谐性与合理性

和谐是生态城市最本质的特征和最核心的内涵，不仅仅反映在人与自然的关系上，更是人与人、人与自然、自然系统的多层面的和谐。其中，自然系统的和谐、人与自然的和谐是基础，人与人的和谐是建设生态城市的根本。现代人类活动实现了经济增长，但也将人类推向了"世界生态末日"的边缘，而生态城市是人类建设与自然选择实现和谐统一的良好的人居形态的总和，其能够在良好的生态意识、产业资本带动、环保制度等内容的支配和作用下，营造出充满文化气息、富有生机与活力的人与自然共生共荣、经济发展持续、社会和谐稳定的现代城市文明，进而明显地体现出生态城市系统的合理性，即其能够充分保障城市人口密度适度、土地利用适当、资源开发适度、环境质量良好、基础设施健全、历史文明保护有效等社会可持续发展的基本要求。

2.1.2.2 整体性与协调性

生态城市中的"生态"绝非简单的纯自然生态的生物学含义，而是综合的、整体的概念，是自然、经济、文化、政治的载体；生态城市也不是单独追求经济发展或单独追求环境优美，而是人、物、空间三位一体，以人为主体，兼顾社会、经济和环境三者的整体效益与协调的新秩序下的复合生态系统的发展。而所谓复合生态系统就是社会—经济—自然复合的生态系统，是三者协调发展及社会、经济、环境的生态化过程，并体现出纵横交织的立体体系结构（见图2.2）。其中，社会生态化表现为，公众积极参与，并有良

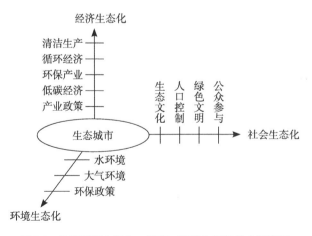

图2.2　生态城市中社会、经济、环境生态化的主要表现

好的生态意识、环境价值观及绿色文明，人口素质、生活质量、健康水平与社会进步及经济发展相适应的社会环境。经济的生态化表现为，采用可持续发展的生产、消费、交通和住居发展模式，实现清洁生产和低碳消费。借助循环经济等发展模式，推动生态产业和生态工程技术的进步，提高资源的再生和综合利用水平，节约能源、提高热能利用率，降低矿物燃料使用率，开发高能效替代能源等。环境的生态化表现为，以保护自然为基础实现与环境承载能力的协调，在合理利用一切自然资源和保护生命保障系统前提下进行城市的建设与开发活动。

由此可以看出，生态城市中经济、社会、自然各子系统之间相互依存，互相制约，协调发展，形成了一个不可分隔的有机整体，且人、生物和环境之间具有整体上的不可替代性，三者相互依赖，一方的存在和变化以其他两者为基础，一方的发展也以其他两者的发展为条件，任一方（包括人）的单独发展是不可能的。于是，其整体的结构和功能在人类与自然间的相互作用中演变、适应和发展，实现了人和自然关系的协调、资源利用和资源更新的协调、环境胁迫和环境承载力的协调等不同内容、不同层次、不同阶段的复合生态系统的协调与均衡。

2.1.2.3 可持续性与高效性

生态城市是建立在以可持续发展为指导思想的城市发展模式的创新，不因眼前的经济利益而采取"掠夺"的方式促进城市的暂时"繁荣"，是能够兼顾不同时间、不同空间、不同区域而合理配置资源，公平地满足现代人及后代人在发展和环境方面需要的健康、持续、协调的发展。同时，在一个城市系统中，人类、生物、环境之间常常存在一个发展安全限度的范畴，即若任一构成要素超出了一定的限度，系统平衡就会受到破坏，进而导致经济、社会、环境生态体系的崩溃，甚至危及人类生存的安全。因此，建立在可持续发展思路下的生态城市是保障人类健康、安全发展的必然选择。

生态城市改变了近现代工业城市常见的"高能耗""非循环"的运行机制，以科技带动资源、能量的多层次分级利用，提高了生产力效率，实现了地尽其利、物尽其用、人尽其才的升华，形成了资源的优化配置、物流的畅通有序、人力的充分发挥、信息流的快速便捷、废弃物循环再生的良性可持续发展的新机制。

2.1.2.4 区域性与开放性

生态城市作为城乡统一体的组成部分，本身就蕴含着区域的概念，即生态城市首先是建立在一定的区域范围之中的人类社会与自然环境的平衡与协调。然而，城市间、城乡间又是互相联系、相互制约的，并不断地进行着物质传送、能量传递和信息交流，即具有很强的开放性。于是广义而言生态城市也是开放的，甚至是全球性的概念。实践证明，只有借助世界范围的技术合作，共享资源等策略，才有可能实现真正、全面、高效的生态城市。

总之，生态城市在其发展与构建的过程中逐步形成了和谐性、合理性、整体性、高效性、区域性、全球性等特征。由此，其也为生态城市概念的认知提供了一种特殊的判断手段，进而形成了基于生态城市特性的系统功能及概念的综合模型（图 2.3）。

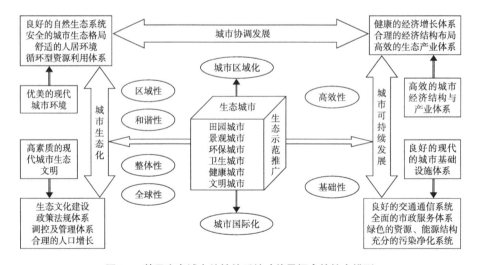

图 2.3　基于生态城市特性的系统功能及概念的综合模型

2.1.3 生态城市的类型

鉴于城市自身发展的自然、历史、文化、经济基础等条件存在普遍差异性，且生态城市作为一个可持续发展的过程，不同阶段、背景的城市建设也应具有不同的生态城市发展模式和特点，所以有学者结合实践提出了规划生态城市建设需要多种模式，并由此形成了各具优势、产业特色发展的多种类型的生态城市。

（1）自然资源型生态城市

自然资源型生态城市是以当地的自然资源为基础，如气候、山水、植被等优势条件进行城市与生态的综合构建。一般常见于在经济发展水平中处于中等条件的城市，也是以人类居住环境的优化为前提的基础性生态城市建设模式，在产业发展中常以生态农业、绿色旅游、生态文化产业等为侧重点。这与我国吉林省长春市以其具有的森林植被和自然气候为基础而提出的"森林城市"，昆明在多种气候带特征、植物物种丰富的自然条件下提出"山水城市"等相一致。

（2）能源资源型生态城市

与自然资源型生态城市相对，能源资源型生态城市是以当地的物质能源为基础，如矿产、风力、石油材料等优势条件进行生态化城市建设。该类型的生态城市多为地处一国内陆或山区等地质能源蕴藏丰富的中小型城市，其发展强调能源开采的高效率、低排放等任务，重视循环工业经济及技术的开发与应用，从而避免经济效益与环境破坏的矛盾。如我国鞍山市等具有大型矿业公司的城市近些年来都提倡绿色、文明开采，清洁生产等发展理念，进而建设能源型生态城市。

（3）政治型生态城市（或称社会型生态城市）

一般来说，政治型生态城市是具有较强政治意义的生态城市建设模式，常见于各国的首都或历史文化中心。由于政治地位突出，在国际上多有较大影响力，且又云集国家决策精英，所以生态城市产业发展中具有社会性的服务业比较突出，如科教文卫产业、历史政治景观业等。如瑞士的日内瓦、我国的北京等城市基本实现了工业区远离城市中心、污染性企业被迁移或被撤销、城市公共绿地覆盖率高、国家及地方财政对于城市绿化建设提供补贴、城市居民的人居环境很优越的特点。

（4）经济复合型生态城市

对于大多数大中型城市来说，一般都是属于这种复合型的生态城市类型，如美国的纽约、我国的上海等城市在建设生态城市时，就既注重城市绿色生态化的人居环境建设，也重视城市经济和社会的生态化发展。可以说，经济发展水平、质量是决定生态城市建设的重要物质保障与关键指标，只有城市物质财富丰厚，城市居民才有可能重视优美的城市环境建设，并进一步带动城市各方面社会事业的顺利发展。因此，产业政策的调整、产业结构的优化、产业生态化的改革等经济发展策略是构建生态城市的重点方向，特别是对于生态产业园区的设计、规划与建设是其主要任务。

（5）海滨型生态城市

这种类型的生态城市必然是依托沿海区位优势，借助良好的对外交流关系及贸易往来，以绿色物流业、旅游业等产业为发展重点，淘汰工业污染型企业，发展有很大潜力的现代服务业经济，形成经济效益明显、海滨环境宜人的生态化城市。如山东威海市、海南三亚市等中等城市均属于此种类型，而威海市还于 1996 年就在政府报告中明确提出构建生态城市的性质为"是以发展高新技术为主的生态化海滨城市"。

综上所述，显然生态城市的模式与类型是多样性的，一个城市选择何种类型的生态城市，需要全面考查该城市自身的基本特征，并与所在区域其他城市之间以及城乡之间的关联性加以对比分析，在充分考虑城市间的合作与竞争的有利条件与不利因素之后，才能制定出切合实际的建设生态城市方向和目标，以及相应产业发展重点等策略，构建出真正意义上的良好的生态城市形态。

§2.2　生态城市的一般理论支持

"生态城市"——本质上不仅反映了人类谋求自身发展的意愿，更重要的是反映了人类对人与自然关系认识的提高。随着生态城市思想的开展和实践的探索，生态城市理论蓬勃发展，一般概况而言，其基础理论支持主要由相互影响、紧密相连的生态理论、经济理论、社会理论组成。其中生态理论中又主要包括了生态学耗散理论、承载能力、生态足迹、景观生态学等理论；经济理论中主要包括了可持续发展、经济与环境的 EKC 假说、循环经济、低碳经济等理论；社会理论中主要包括了城市规划学、城市管理、人文文化等理论。

2.2.1 生态城市的生态理论支持

2.2.1.1 生态学耗散理论

耗散结构理论是 1969 年比利时学者 I. Prigogine 提出的"一个远离平衡的开放的非线性的包含物理、化学、生物、经济、社会等系统的综合体通过不断与外界交换物质和能量，在外界条件的变化达到一定的'阈值'时，就会从原来混沌无序的状态，转变成为一种在空间上、时间上、功能上的有序状态，这种在远离平衡条件下形成的新有序结构，称为'耗散结构'"。其类似于热力学中"无用"的能量——熵的概念（熵是指一个系统中不能再转化用来做功的那部分能量的总和）。一般而言，系统放出能量后熵值增加，系统从有序转向无序；反之系统从外界获取能量后熵值减少，系统反向由无序向有序转变。同时，对于开放的系统来说，总熵变值墒 dS 是由系统与外界之间的交换熵值 d_eS 和系统内部不可逆过程产生的熵值 d_iS 加总而成，即：$dS=d_eS+d_iS$。而 d_iS 值是永远为正的，因此一个不与外界产生交换的系统的熵值是增加的，而要保障系统成有序态，是不应该让熵值增加。所以可以得出一个结论：耗散结构必须是开放的系统，要保障其持续地与系统外界进行能量流、物资流、信息流的传递与交换，使 $-d_eS$ 值尽量大于 d_iS，才有可能使 dS 值减少，系统向有序状态发展。

城市系统同样是一种典型的"耗散结构"，城市运行过程中就表现为先从外界输入资源、原材料、人力等能源物资，同时再输出产品及废料。可见，构建良好的现代城市生态系统必须与外界加强交换的程度，才能使城市生态系统的熵值不增加，生态系统有序发展，以满足人类生存及对高品质生活的需要，即也只有把城市自身的物质及能量等的消耗、人口规模和生产规模控制在一定限度内，城市才能有序地健康发展。

2.2.1.2 承载力理论

承载力源于工程地质中所说的地基强度对于建筑物负重的能力，目前已成为发展限制最大度量的程度指标。就生态城市理念而言，首先是 1921 年 Park 和 Burgess 基于人类生态学领域而对承载力的解释，即在某一特定环境条件下（主要指阳光、营养物质、生存空间等生态因子的组合），某种（类）个体存在数量（规模）的最高极限。此后，由于人类社会与环境关系的复杂性，故在不同时期、不同背景下形成了土地承载力、资源承载力、环境承载力、生态承载力等多层次的认识。广义生态承载力包含了资源、环境承载力的要求。于是，A. T. Hudak（1999）等进一步指出生态承载力是特定时期内，在现有状况下生态系统所能容纳的最大（或最多）种群数量的极限值，就人类活动而言，具体表现为在一定区域内生态系统的自然维持、自我调节的能力，资源与环境等系统的供给能力，以及维持社会经济活动强度和一定生活水平的人口数量及规模的最大值等。一般来说，人类在对资源的利用过程中，不可更新资源的消耗会日益枯竭，于是只有强化利用可更新资源，生态承载力才更具有可持续性。

在现实中，城市已成为资源、环境承载的载体，人及生物是被承载的对象，由此就有了以自然资源、城市生态环境、城市人口等极限容量为表现的城市承载力问题。其中，城市环境承载力是环境系统对城市人口、经济、社会等活动所提供的最大的容纳程度（或最大的支撑闭值），且城市污染物极限容量有大气、水、土地和社会等多个方面；城市人口极限承载力是指城市生态、社会、经济系统能够支持多大的人口规模使其得以生存的潜力，并包括水、粮食和可利用土地等的人口容量；城市生态环境承载力是自然环境对污染物的净化能力或为保持某种生态环境质量标准所允许的污染物排放总量。由此，有学者提出"城市的快速发展首先是要提高城市的'综合承载能力'，通过城乡区域统筹规划和发展，能够优化土地、劳动力、资金等生产要素的配置，带动发展模式从传统的资本拉动、资源消耗、管理粗放型向资源节约型循环经济发展，营造出生态系统平衡、生态循环顺畅的城市绿色建筑和生机蓬勃的空间"。

2.2.1.3 生态足迹理论

生态足迹概念最早是在 1992 年由加拿大生态经济学家 Williatn 和 Bees 等提出，生态足迹一般被定义为"一个城市或一个国家中任何已知人口所消费的所有资源和吸纳这些人口所产生的所有废弃物所需要的生物生产性土地面积，其中生产资源所需要的土地面积为资源生态足迹，吸纳废弃物所需要的土地面积为能源生态足迹"。计算生态足迹时，首先是将人类发展所必需的各项资源分成耕地、草地、森林、海洋、建成地、化石能源生产地合计 6 种不同的资源生产用地，然后采用列举式的计算方式把每人所需要之各种标准土地面积加总，然后用加总值再乘以该区域内人口数，所得就是该地区的"生态足迹"。生态足迹常见的表达公式为：$EF = N \times ef = N \times \sum r_i (C_i / P_i)$，其中 EF 是总的生态足迹，N 是地区人口数，ef 是人均生态足迹，r_i 是第 i 种消费品或生物资源土地类型生产力权重（也称为生产性土地均衡因子），C_i 是 i 种物质的人均年消费量，P_i 是 i 种物质的年平均生产能力。

宏观上生态足迹理论根据经济系统对生态基础（生物生产性土地面积）的需求与实际的生态基础供给（生态承载力）间加以比较，分析供需差异以探索生态系统对经济增长的制约程度。如若生态足迹大于生态承载力，表明生态系统的供给能力小于经济系统的需求，就可以认为生态基础已成为经济增长的制约因素。显然，生态足迹方法借助在经济和生态之间建立的投影关系，将在实现经济系统中不同属性的资源和服务转换为生态系统中标准化的土地面积后进行比较，这种客观实物量化法较之主观货币量化法表现更清晰，在分析生态系统对经济增长的制约程度时也更明确，还能一定程度地避免价格变化对判断准确性的影响。

然而，根据 Wackemagel 等学者计算的 1961—1999 年全球生态足迹值（见图 2.4），可以看出全球生态足迹一直是持续增加的，特别是在 70 年代后期，全球生态足迹开始超过生态承载力，而且到 1999 年时全球生态足迹已超过生态承载力约 20%。因此，为了缓解全球生态系统功能的破坏，在各国政府支持下，开始有大量经费投入到各类环境保护项目中，且逐步签署了各种国际公约来要求各国在经济发展中，特别是城市建设中必须减少资源消费和废物的排放量，于是其也成为当前发展生态城市的基础性参考条件之一。

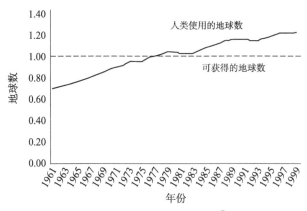

图 2.4　全球生态足迹趋势图[①]

2.2.1.4　景观生态学理论

1939 年德国著名植物学家 C.Troll 在研究东非土地利用问题时首次提出"景观生态学"一词，20 世纪 80 年代以后其在全世界范围内迅速发展。景观生态学是根据地理学与生态学交叉而成的新型学科，以景观为对象，研究景观的空间结构、功能及各部分间的相互关系，探讨能量流、物质流、信息流在地球表层的传输和交换及生物和非生物间的相互转化等问题。著名学者 Forman 和 Godron 在研究景观生态学时还引入了斑块、廊道和基质三个基本要素，构建了"斑块—廊道—基质"模式。其中，斑块（又称嵌块体、拼块）是指不同于周围背景，但又具有一定内部均质性的非线性景观元素，如城市中的公园、广场等点状空间就相当于城市景观中的斑块；廊道是指不同于两侧基质或斑块的狭长地带，如在城区内，道路、绿带等线状空间；基质则是指斑块及廊道的环境背景，是景观中面积最大、连接性最强、优势度最高的地域，如市区内的商业区、产业区、生活区等面状空间。

显然，斑块、廊道和基质对于分析景观结构、功能及其动态变化提供了一种简明的语言，进而为城市空间景观分析、设计、规划奠定了基础。此外，一些学者还引入了景观生态系统间有显著过渡性部分——"边缘"作为

---

① Wackemagel M, the ecological overshoot of the human economy[J/OL]. http：//www. pnas.org/cgi/doi/10.1073/pnas.14203369.

第四个要素来补充其所具有的变化速度、脆弱性等特征的问题。而生态城市在外在形态上就是要构建一个区域建设与自然环境充分融合的协调、高效、美化的景观系统，因此其需要景观生态化的支持和理论指导。

2.2.2　生态城市的经济理论支持

2.2.2.1　可持续发展理论

可持续发展理论是 20 世纪 80 年代末至 90 年代初形成的一种新型发展理论，一经形成就得到全球各界的普遍认同，并且迅速被各国作为新世纪社会经济发展战略目标放到经济计划、发展规划中。联合国环境署理事会在第 15 届会议中给出了较为公认的可持续发展概念："可持续发展是指既满足当代人的需求而又不对后代人满足其需求构成危害的发展。"

可持续发展是一个涉及自然科学、社会学、政治学、经济学等许多领域的复杂性、综合性系统工程，核心思想是健康的经济发展必然是建立在生态可持续、社会公正、公众积极参与的基础上，具有公平性、持续性、全球性的特点，追求全世界范围内的本代人间、代际间的资源分配与利用的公平与效率，以及人类发展不能超越资源与环境承载能力要求的人类动态均衡增长，但也承认贫困问题是需要解决的最重要内容，故一定背景下仍需先强调一定限度的经济发展需要。为此，世界环境与发展委员会提出了可持续发展的七个支持体系：保证公民有效参与决策的政治体系；为不和谐发展的紧张局面提供解决方法的社会体系；具有自身调整能力的灵活的管理体系；在自力更生和持久的基础上能够产生剩余物资和技术知识的经济体系；不断寻求新的解决方法的技术体系；尊重保护发展的生态基础的义务的生产体系；促进可持续性方式的贸易和金融的国际体系。[①]

同时，1996 年联合国可持续委员会（CSD）还牵头推出了"社会、经济、环境和机构"四大系统概念模型以及以驱动力（Driving force）—状态（State）—响应（Response）为标志的 DSR 模型，该 DSR 模型下的可持续发展指标体系框架中的部分主要内容可概括为表 2.2，此指标体系通过对环境压力与环

---

① 世界环境与发展委员会 . 我们共同的未来 [M]. 长春：吉林人民出版社，1997：81.

境退化间的因果关系分析，从而论证可持续发展的环境效应，但是由于指标间的连贯性和分解效果存在不足，且指标的数目非常庞大，数据获得存在现实不完全可行性，因此其主要作用就成了建设指标体系的指导性文件。

表 2.2　联合国可持续委员会的可持续发展指标体系中部分指标

系统类别	驱动力指标	状态指标	响应指标
社会	失业率	贫困指数／人口 贫困差异指数、基尼系数 男女平均工资比例	
经济	人均 GDP 净投资占 GDP 的比重 进出口总额占 GDP 的比重	经环境调整后的 GDP 制造业产值占进出口的比重及占 GDP 的比重	
环境	C、S、N 氧化物的排放 臭氧层物质的消耗 土地利用、森林采伐状况 地下水和地表水的年采取量 国内人均耗水量	城市大气污染物浓度 土地状况的变化 森林面积的变化 地下水储量 水体中的有害物质含量	降低大气污染物的治理支出 受管理的森林面积 废水处理率 水文网密度
机构			结合环境核算的经济计划 环境影响评价

此后，联合国经济合作与开发组织（OECD）又对可持续发展指标体系列出了更细致的分解，并补充了一个不针对特定问题的项目（见表 2.3），这些指标体系的建设为此后各国经济、社会的发展明确了方向，在指导人类思想、行为上均具有深远的意义。

表 2.3　联合国经济合作与开发组织可持续发展指标体系的部分指标

分类主题	主要指标
气候变化	CO_2 排放量；温室气体大气浓度；全球平均温度；能量强度
臭氧层损耗	CFC 表现消费；大气浓度
富营养化	肥料表现消费；河流 N、P、BOD 测定；与废物相关的人口百分比
酸化	SO_2 和 NO_2 的排放量；酸性降水浓度
有毒污染物	危险废物来源；河流中铅、镉、铬、铜的浓度；无铅汽油的市场份额
城市环境质量	城市 SO_2、NO_2 和颗粒物的浓度

分类主题	主要指标
生物多样性	濒危物种占比；保护区域占总土地面积比重
景观	绿化面积比率
废物	废物循环率；废物收集和处理成本
水资源	水资源使用强度
森林资源	森林面积及分布
鱼类资源	鱼类资源变化
土壤退化	沙漠化和侵蚀状况；土地利用变化
不针对特定问题	人口增长与密度；GDP 增长；工农业生产；能源供给与结构；交通与车辆；储备；公众对环境的意见

由此，众多学者也逐步开始沿着生态学、技术学、经济学等几个层面提出城市在可持续发展中的方向及策略。第一，基于生态学前提，其强调保护并加强城市环境系统的生产和更新能力，寻求一种最佳的生态系统，在保持城市生态完整性的同时保障人类生存环境得以持续、愿望得以实现。而城市中温室效应、酸雨现象等都是人类已经越过合理规模"警戒线"的实证。因此城市可持续发展就需要重视自然给人类活动赋予的机会和附加约束，认识到人与自然是相互依存的，发展城市经济不能以破坏自然生态环境为代价，努力实现"环境保护与经济增长之间取得合理的动态平衡"是城市可持续发展的重要指标和基本手段。第二，在技术条件上，城市可持续发展要求在一定区域内尽量采用极少产生废料和污染物的工艺或技术系统，如生产转向更清洁、更有效的"密闭式"循环工艺方法，并力争尽量减少能源和其他自然资源的消耗，即降低排放量，甚至接近"零"排放。可见，其是在人口、资源、环境各个参数的约束下，强调城市发展不应采取以牺牲资源为代价的生产过程而增长的策略。第三，从经济学角度，城市可持续发展强调要以区域规划开发、生产力布局、经济结构优化等为基础，关键是要把"以科技进步贡献率来克服（或抵消）投资的边际效益递减率"作为重要手段，实现在保持自然资源的质量及所提供的服务前提下，城市经济净利益最终增加到最大限度（Barbier，1985）；今天城市的资源使用不会减少未来的实际收入（Pearce，1989）；不降低环境质量和不破坏世界自然资源基础的城市经济发

展。第四，就社会学而言，城市可持续发展还强调在生存不超越维持生态系统承载能力的情况下，提高城市人民的生活质量，明确可持续发展的最终落足点仍是人类社会，最终是要以改善人类的生活质量为根本目的。因此，"保障经济效益与社会公正间的合理平衡"是城市可持续发展的重要判断指标。于是，我国学者马世俊、王如松在其提出的"社学—经济—自然"复合生态系统概念的基础上，还把这种城市可持续发展高度概括为"总体、协调、再生"。显然，追求人口、经济、环境和资源的协调发展已成为学术界对城市可持续发展概念和理论研究的核心与共识，并基本认同城市生态环境的保护与改善离不开资源的可持续利用，同时资源的持续利用是城市经济可持续发展的重要手段，而城市经济持续发展是人类从城市到全社会真正实现可持续发展的基础。

2.2.2.2 城市化问题中的环境库兹涅茨曲线假说

城市化是现代经济发展的必然产物，现代城市化的发展对整个经济发展起着很大的促进作用。从世界历史发展来看，人类社会的城市化发展进程大体可分为三个阶段。第一个阶段是城市化兴起时期，约从18世纪中叶至19世纪中叶工业革命后，是先进国家率先跨入城市化的阶段，特别是1851年英国城市人口首次超过乡村，即城市人口已超过总人口的50%，率先在世界上基本实现了城市化；第二个阶段是欧洲、北美洲的部分发达国家基本实现城市化的阶段，约从19世纪中叶至20世纪中叶，这个阶段也是"城市化"概念被广为接受及应用的阶段；第三个阶段从20世纪中叶开始，是全球性的城市化加速发展阶段，也是城市化产生的社会、环境等问题日益突出，环境保护受到重视的时期。而且据统计数据表明，19世纪后世界城市化程度增长趋势非常强劲，如1800年世界城市人口占总人口的比重为3.0%（仅有0.29亿人），1900年增长到13%（有2.2亿人），1950年就增长到29%（有7.32亿），2000年达到50%（有32亿人），由此有专家预测2030年比例会增至60%（49亿）；且从城市的规模来看，1800年世界100个最大城市的平均人口还不到20万，而到1950年达210万，1990年则超过500万居民。故经济学家道格拉斯·诺斯曾说："世界的城市化是在过去一百多年来发展起来的。"目前，发达国家的城市化程度已经达到70% ～ 80%左右，而新加坡已经实现了完全城市化。

我国的城市化开始相对较晚，以城镇人口在总人口中的比重为例，1973年城市人口比重只有 1%，1978 年经济体制改革后迅速增长到为 17.9%，2000 年为 35.8%，2007 年达到 42.2%（即改革开放初始的 2 倍多）。根据美国地理学家纳森提出的，一般还可以按城市化水平把城市化程度分为三个阶段：城市化水平在 30% 以下为初期阶段，30% ～ 70% 为加速发展阶段，70% 以上为城市化的后期阶段。依此标准，我国的城市化水平早已达到30% 以上，已属于加速发展阶段。由此可见，城市的发展在国家建设中的重要性也就更加显著。

但伴随着快速的城市化进程及其发展取得的巨大成就，人们在享受城市物质生活水平大幅提高的优势的同时，也不得不面对城市中环境恶化问题更为严重的难题。于是出现了部分环境学家和经济学家对"经济发展与城市生态之间存在什么关系"的探讨。其中 20 世纪 90 年代末，为驳斥环保主义者提出的签订北美自由贸易协定必然会增加整个北美洲污染程度的说法，普林斯顿大学的经济学家 Grossman 和 Krueger 首次提出"在经济发展到一定程度之后，随着经济的发展，城市的污染水平反而会降低"——即环境库兹涅茨曲线假说。此后，两位经济学家对多个国家和地区的主要大气污染物（如二氧化硫 SO_2、二氧化碳 CO_2、悬浮颗粒 TSP 等）排放量的变动情况与人均 GNP 收入水平之间的数据进行验证分析，建立了下面的模型：空气污染 = 管制 + (b_1 × 人均 GNP) + (b_2 × 人均 GNP^2) + 误差项。其中 b_1 和 b_2 为用普通最小二乘法估计的回归系数。借助在模型中引入的人均 GNP^2 这个变量，可以测算出人均 GNP 和环境污染是否存在着非线性关系。回归的结果显示，b_1 为正，b_2 为负，于是发现环境质量及污染物排放程度与经济增长的长期关系呈现倒 U 形状，并将其称为环境库兹涅茨曲线（简称 EKC 曲线，见图2.5-A），并经其测算倒 U 曲线的顶点——人均 GNP（或人均 GDP）的拐点，应该在 5000 ～ 8000 美元之间。此后，各国噪声污染、铅排放量等其他环境污染现象都证实了该假说，EKC 也就成为反映经济发展与环境水平关系普遍认同的规律，而各国学者又对区域内曲线的方向何时发生改变（曲线的拐点值）、环境的下降与经济的发展相背离的具体程度（曲线的斜率）有多大等问题也进行了不断的实践检验和论证。

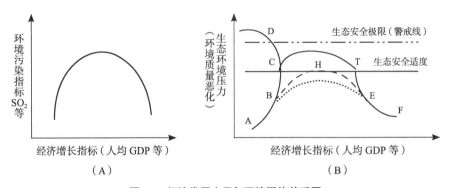

图 2.5　经济发展水平与环境污染关系图

综合来看，根据环境和经济发展的协调程度，EKC 曲线可对应形成四条发展轨迹（见图 2.5-B）。具体表现有：①集不协调的情况下形成 ABCD 轨迹。这种情况表明经济发展使生态环境严重恶化，超过了警戒线及承载能力，导致区域生态系统瘫痪，经济发展水平大幅衰退，社会达到崩溃的边缘，甚至出现如我国西北部古楼兰王国的亡国事件；②先走不协调发展，后经环境治理实现协调发展，从而走上 ABCTEF 轨迹。产生这一曲线的原因是在经济发展的初期加速过程中，资源消耗速率超过资源的再生速率，废弃物的数量和毒性过度增长，致使环境质量的保持跟不上经济的发展，生态环境压力不断增大，显现出与经济发展不协调的状态。在达到生态安全极限之前，在社会各主体的关注下，依靠发展战略调整（如产业结构向信息密集的产业和服务转变），环保法规进一步严格，更好的技术和更多的环境投入，进而使得环境退化现象逐步消失和逐渐减缓，环境与经济发展趋于协调，即 EKC 曲线又回到生态安全适度线以下。这种"先污染后治理"的道路在很多发达国家发展历程中均经历过，且在治理的过程中都付出了高昂的经济代价和环境代价；③协调发展的前提下形成 ABHEF 轨迹，此时 EKC 曲线的峰值点 H 正好与生态安全适度线相切，表明生态环境压力一直处于适度以下的范围，经济能够保持健康快速持续的发展，是一种接近完美的发展状态。但鉴于生态环境问题发生的滞后性和难以控制性，这种状态是很难实现的；④完全在生态安全适度线以下运行的理想的生态型经济模式形成的 ABEF 轨迹，虽增长速度较 ABHEF 轨迹略有下降但可行性增强，一些发达国家在完成基本的资本积累之后，凭借优化产业结构、发展生态产业等策略，逐渐走向了这种发展模式。

其中，对于 EKC 曲线能够实现 ABEF 轨迹的原因，世界各国学者也从不同角度进行了分析和探讨，如从技术水平、经济结构、自然资源成本、收入环境需求弹性、国际贸易和国家政策外部性因素等方面加以解释。而这些原因要素本质上又都是生态城市发展的主要表现，如以技术进步效应大幅度提高资源利用率，使得在既定产出下自然资源消耗及环境破坏将有所减少，从而实现城市环境质量从恶化到改善的发展过程，也使得城市发展达到生态城市建设的目的。由此，也再一次论证了生态城市建设不是以低经济增长为代价的单一环保政策，而是在世界实践中已被证明是确实可行的低能耗、低污染、高效率的合理的经济增长模式。

2.2.2.3 循环经济学理论

1987 年世界环境与发展委员会（WCED）指出环境恶化可以破坏经济的长期发展，并提出人类生产活动应该由污染的末端治理转向对资源反复利用的全程控制。[①] 1992 年联合国环境与发展大会也对自工业革命以来的"高生产、高消费、高污染"的传统经济发展模式以及"先污染、后治理"的发展道路加以了否定，指出人类在发展历程中，既要关注发展的增长量和速度，更要重视发展的质量和可持续性，必须逐步应用对环境无害化的技术，实行清洁生产，调整生产结构和消费结构，实施高效益、节约资源和能源、减少废弃物排放的循环经济。由此，在人类可持续发展战略和生态环境保护成为主流观点的背景下，"产品生命周期""零打碎敲""源头预防""为保护环境而设计""全过程治理""零排放"等理念及技术开始逐步影响到人类城市生产、生活活动过程，也使线性、开放的生产生活方式开始向"循环""封闭"的生产生活方式转变。

同时，20 世纪 80 年代后期，Labys 和 Waddell 等提出了"人类在人口迅速增长的情况下，既想享有高水平的生活状态，又想实现对环境的影响尽量降低到最小的程度，那么就只能是在同样多的，甚至是更少的物质基础上，以各种手段来获得更多的产品与服务"的"物质减量化"思路来解决能

---

① 世界环境与发展委员会 . 我们共同的未来 [M]. 长春：吉林人民出版社，1997.

源资源萎缩、环境污染日益严重与人类生存要求之间的矛盾，这也为循环经济理论奠定了一定的思想基础。

目前，循环经济作为一种新的生产方式已被社会各界普遍关注和认知，其本质就是要尽可能地少用及循环利用资源，并要有可行的生产技术来实现清洁生产和环境保护，即要使生产过程的技术范式从"资源消费→产品→废物排放"开放（或称为单程）型物质流动模式转向"资源消费→产品→再生资源"闭环型物质流动模式，实现循环经济一般意义上的减量化、再使用和再循环原则（3R 原则），以及进一步扩展的再回收、再思考、再修复以及无害化、重组化等原则。可以说，循环经济是在生态环境成为经济增长制约要素、良好的生态环境成为一种公共财富阶段下的新的技术经济范式，是建立在人类生存条件和福利平等基础上的以全体社会成员生活福利最大化为目标的新的经济形态，是人类的经济活动要遵循自然生态规律，维持生态平衡，为实现可持续发展目标而对人类生产关系进行的调整。

为此，在研究发展循环经济策略之前，常常先将循环经济体系划分为生态企业、生态工业园和生态城市（生态社会）三个层面的循环系统（即企业层面的小循环、企业间共生层面的中循环和社会层面的大循环）。其中构建生态企业内部循环系统是其发展的微观基础，包括将生产加工过程中产生的废弃物经过适当处理后或是作为"新原料"及原料替代物再次返回到生产流程中，或是作为企业内其他生产流程中的资源、将流出生产系统之外的部分资源、物质回收后作为原料再返回到生产流程中等。而循环经济系统在城市发展中的运用就是以生态城市为中心，由生态农业、生态工业、生态服务业构成，且生态农业是基础，生态工业是主体，生态服务业是纽带。其发展策略就是要淘汰、关闭落后工艺、设备、技术、企业，用绿色生产技术改造传统产业，大力推进清洁生产工艺和资源综合利用的生态工业建设，发展无公害农产品、绿色食品等生态农业，通过区域大循环推动规模经济和结构效应下的绿色服务业。

但是，循环经济发展机制中政府主导占据较高的程度，故黄贤金（2004）指出制度变革和创新对发展循环经济非常重要，法律、规章的制约起着很大的作用，经济上的惩罚、激励与引导措施也是研究的重点内容之一。同时，当前存在只有少数规模型企业能够通过循环经济模式产生经济效益，更多的企业由于行业所限并不能从循环经济模式中获得足够的经济效益，一般企业参与的动力不足现象成为循环经济发展中的一个现实问题。

总之，循环经济及循环产业体系是相对于传统经济而言的一种新的经济形态，是一种以资源的高效利用和循环利用为核心，以低消耗、低排放、高效率为基本特征，以可持续发展为目标的基于生态经济原理和集聚战略的经济增长模式，是对大量生产、大量消费、大量废弃的传统经济增长模式的根本变革。循环经济本身就体现出了生态性的思想本质，是遵循生态学规律，借助合理利用自然资源和环境容量的技术手段，在物质获得循环利用的基础上发展区域经济，使经济系统和谐地纳入到自然生态系统的物质循环过程中，进而实现经济活动、城市发展的生态化过程。

2.2.2.4 低碳经济理论

"低碳"是在应对由于过度消耗化石燃料所导致的全球变暖，全球气候变化又给人类能源、水资源和粮食等生态安全及经济发展带来严重损失，从而提出的"人类活动要减少温室气体排放"的概念。"低碳经济"最初是由2003年英国在其《能源白皮书》中首次提到，并指出"低碳经济是通过更少的环境污染和自然资源消耗，获得更多经济产出，创造更高生活标准和更好生活质量的途径和机会，并为应用、发展和输出先进技术创造新商机和更多的就业机会"。[①] 英国政府还为其发展订立了一个明确的目标——2010年CO_2的排放量要实现在1990年的水平上减少20%，到2050年要减少60%，使英国成为一个真正的低碳经济国家。

此后，世界各国纷纷效仿提出了通过转变生产、生活方式和消费理念，以低碳技术和制度来保证温室气体排放的减少，构建保护地球环境、可持续发展的低碳经济社会。目前，国内外学者针对"低碳城市"和"低碳经济"提出了一系列强调以"低碳生活""低碳生产"和"低碳消费"为理念的新型"低碳经济"发展模式。具体来说，低碳经济发展模式就是要实现以"低能耗""低污染""低排放"和"高效能""高效率""高效益"的"三低三高"理

---

① Department of Trade and Industry.UK Energy White Paper：our energy future-creating a low carbon economy[M]. London TS0，2003.

念为核心，以低碳化发展为经济发展的方向，以节能减排为经济发展的方式，以"碳中和"等技术为经济发展的方法，实现可持续的绿色经济的发展模式。其中，低碳或无碳技术也称为碳中和技术，其来源于 1997 年英国未来森林公司提出的"指通过计算二氧化碳排放总量，然后通过植树造林（增加碳汇）、二氧化碳捕捉和埋存等方法把排放量吸收掉，以达到环保的目的"。[①]碳中和技术主要包括温室气体的捕集技术、埋存技术、低碳或零碳新能源技术（如太阳能、风能等可再生能源技术和替代能源）。显然，碳中和技术的研发水平、规模和速度决定着未来温室气体排放减少的可能规模与程度，是低碳经济发展的关键环节，但从经济可行性、技术能力等角度来看，其距离世界各国全面推广应用还有很大难度，因此各国目前一般将城市建设的低碳化作为实现低碳经济发展的关键实验区，如江云林等学者就提出城市建设就应当以"高效发展、清洁发展、低碳发展"为可持续发展目标，改变"大量生产、大量消费和大量废弃"的低端经济运行模式，在最大限度减少温室气体排放的前提下，转变生态观念，优化能源结构，提高节能减排的循环利用效率，建立资源节约型、环境友好型的可持续的区域能源生态体系。目前各国在建设低碳城市获得的经验主要有：发展新清洁能源与技术、倡导资源回收利用、推行低排放型设计的建筑、推动高效率的交通运输规划、建立碳市场交易机制和绿色消费等。

总之，当前发展低碳经济是发展绿色经济的可持续发展模式的必然选择，是实现城市可持续发展、构建低碳城市（即保障城市经济高速发展的同时，其能源消耗和 CO_2 排放规模又处于较低水平）的必由之路，也是发展生态城市的重要策略与措施之一。

此外，鉴于生态城市建设需要低碳经济与循环经济、生态经济、绿色经济不同发展模式的共同支持，从而实现真正的城市可持续发展目标，且其相互之间存在着部分交叉，因此表 2.4 再次汇总式地列出了其各自基本定义，从而进一步帮助我们对生态城市经济理论支持内容的理解。

---

① 中国科学院可持续发展战略研究组 . 2004 年中国可持续发展战略报告 [M]. 北京：科学出版社，2004.

表 2.4 低碳经济、循环经济、生态经济、绿色经济定义对比表

低碳经济	是一种以低能耗、低污染、低排放和高效能、高效率、高效益为主要特征,以较少的温室气体排放获得较大产出的新的经济发展模式。包含低碳产业、低碳技术、低碳城市、低碳生活等一系列新内容
循环经济	是通过资源循环利用使社会生产投入自然资源最少、向环境中排放的废弃物最少、对环境的危害或破坏最小的经济发展模式
生态经济	是在生态系统承载能力范围内,运用生态经济学原理和系统工程方法改变生产和消费方式,挖掘一切可以利用的资源潜力,发展一些经济发达、生态高效的产业,建设体制合理、社会和谐的文化以及生态健康、景观环境适宜的经济发展模式
绿色经济	是人们在社会经济活动中,通过正确处理人与自然及人与人之间的关系,高效、文明地实现对自然资源的永续利用,使生态环境持续改善和生活质量持续提高的一种生产方式或经济发展形态

2.2.3 生态城市的社会理论支持

2.2.3.1 人居环境理论

人居环境理论起源于 20 世纪 60 年代希腊学者 C. A. Doxiadias 提出建立"人类聚居学",以求全面、综合、系统地探讨解决人类在聚居状态下的各种问题。1976 年联合国人居大会还首次提出全球范围的"人居环境",并对其前景发出了正式警告。其提出的人居环境包括乡村、集镇、城市等在内的所有人类聚居形式,强调要把人类聚居作为一个整体,从文化、政治、社会、技术等多方面,全面、系统、综合地考虑人类聚居中人与自然之间的相互关系,并在掌握人类聚居发展客观规律的基础上,更好地建设适合于人类的聚居环境。

人居环境理论的研究涉及建筑学、人文学、工程技术学等社会学方面的多项内容,其理念是在城市可持续发展的要求下研究人类生存状态质量的好坏,生存是否能够持久延续等带有根本性的大问题,而这也是生态城市的建设目标。

2.2.3.2 城市人文主义

"以人为本"是生态城市的基本要求,所以"生态城市"也被一些学者称为"市民城市"或"人民城市"。① 城市人文主义是指以人为本的理念来发展城市，并认为城市起源于人与人的汇聚，故城市最根本的就是人，且提出从城市发展期来看，城市的变化始终是因人的因素处于动态变化中而随之变化的。

早期城市人文主义表现为理想人文主义（如柏拉图的《理想国》中的"理想城市"、托马斯的《乌托邦》中的"理想城市的创造"等），他们是主要对城市政治与经济、城市制度、城市规模及城市物质形式等进行设想。18～19世纪理想人文主义逐步向现实人文主义过渡，其典型代表就是被一般认为是"生态城市"思想起源的霍华德的"田园城市"理论与实践。"田园城市"是针对人居拥挤及贫民窟、工业污染、上班路程变远等社会现象而提出的采取规模有限、土地制度改革等政策的城市发展理论。当代城市人文主义更着重强调"城市即人民"的观点，提倡对城市的人性化、人道化等社会人文因素的重视，并提出要"以城市内在运作机制的可持续性"为指导，借助非强制性的节制措施，通过各种情感上的交流以推动"城市回归正轨"，完善城市生活的各个方面。

德国心理学家勒温还曾对人类与环境的互动关系提出了一个著名的理论表达式：$B=f(PE)$，其中 B 代表行为，P 代表人格，E 代表环境，意思是人的行为是人格特征和环境影响的函数，由此可推出环境是通过影响个人的性格和思想再影响社会的。于是，"社会人文因素是城市文明的灵魂"的理念也就成为生态城市中生态文化所强调的主要内容。

2.2.3.3 城市规划学理论

人类在构建城市初始就蕴含着规划、建筑布局等理念，工业革命之后城市规划学科伴随着城市化进程加快的需要而快速发展，到20世纪初基本形成了传统城市规划理论（或称近代城市规划学），其主要以物质形态为主要规划基础，强调经济发展与区域功能化的作用效果，但对环境后果考虑欠缺。

---

① 美国马里兰州的哥伦比亚"生态新城"的开发者就把哥伦比亚称为"人民城"，即认为城市的核心是它的居民——每位普通的公民及他们的家庭，并在市中心设立"人民树"雕塑——树的叶子就是人像（以象征着城市存在的原因）。

此后，源于建筑学，蕴含经济学、社会学、环境学等多角度思考城市建设的现代城市规划理论逐步形成，并将规划理论从狭义的工程技术为主，扩展到广义的与文化、历史、自然等相融合的新型综合性理论，从而包含了城市经济发展规划、城市空间环境规划、市政工程建设规划、历史文化保护及发展规划等多重内容，也使城市规划学更具科学性、复杂性、发展性等特征。生态城市作为城市发展的现代形式，其建设中必然仍需借鉴传统及早期城市规划理论的经验与教训，从而更好地发挥其生态化改革的优势，其与传统城市规划理论的主要区别及特征可见表 2.5。

表 2.5　现代生态化城市规划与传统城市规划比较

项目	现代生态化城市规划	传统城市规划
哲学观	与自然协调共生	主宰自然
规划价值观	人与自然和谐（平衡性）	掠夺自然（扩张性）
规划方法	生态整体规划	物质形体规划
规划内容	人＋自然（城乡）	形体＋经济（城市）
学科范畴	交叉、融贯学科	独立学科
规划程序	循环、动态	单向、静止
规划手段	智能计算机技术	手工、机械
规划管理	法律	行政
决策方式	开放、社会参与	封闭、行政干预

显然，现代生态化城市在城市建设规划中就明显表现出较传统规划在理念、方法、手段、技术等方面上的更科学、更广泛、更深远的内涵与特点。由此，可以说在现代快速发展的城市化进程中，"规划先行"已成保障城市高效发展的必然选择，而构建生态城市也需要以此为据。

§2.3　支持发展生态城市的产业理论

产业是现代城市存在和发展的物质基础、动力和城市生态系统中的重要组成部分。"就生产力而言，城市的产业结构对城市的发展有着决定性意义。"[1] 产业发展状况决定了城市的经济、文化、环境等方面发展水平，是解决当前城市发展中环境、资源和社会问题的关键，是城市实现可持续发展的必要条件，是建设和发展"生态城市"的重要方向，由此产业理论也就成为支持生态城市理论的必然构成要素之一，而这也是本研究着重展开的内容。

基于生态城市建设的产业理论是一个综合的理论，并交叉了上述生态学、经济学、社会学等多方面的内容，具体主要包括产业可持续发展、产业生态学、产业布局与规划等重要理论支持内容。

2.3.1 产业可持续发展理论

随着可持续发展研究与实践的深入，以及在日益突出的人口、资源、环境等问题明显影响到产业发展趋势的背景下，各国学者纷纷提出了产业可持续发展思想。产业可持续发展是指在保障自然资源与环境的质量和其提供的服务的前提下，将产业自身发展的内在客观规律和长远发展的规划结合起来，使产业结构、组织、布局均沿着科学可持续的理念进行发展，是与社会经济发展、资源和环境的承载能力相协调、相适应，尽可能平等地满足当代人的需要，又不损害后代人需要的产业发展模式。对于产业可持续发展研究主要体现在产业组织、产业结构、产业布局、产业政策等几个层面可持续发展的探讨。其中对于产业组织这一微观经济实践的载体有着丰富的解释，如先将"产业"理解为生产同类可替代产品的生产者即厂商在同一市场上的集合，而这些厂商之间的相互结构关系就称为产业组织（Pearce，1983）。于是，在生产要素投入既定的前提下，产业经济及发展理论就是为优化资源配置，鼓励市场竞争，使厂商有足够的改善经营管理、推动技术进步、提高经济效益的动力和压力，并充分利用规模经济性，避免过度竞争造成低效率的发展理论。于是，新产业组织理论（Tirole 1989）、产业结构理论等众多理论都在一定程度上体现了产业可持续发展的要求。特别是以里昂惕夫设立的投入产出分析体系为基础，得到快速发展的产业结构理论对经济增长的构成进

---

[1] 顾朝林.中国城市地理 [M].北京：商务印书馆，1999.

行了详尽分析，此后刘易斯、赫希曼、拉尼斯等经济学家先后又对其加以不断地充实，为产业结构的调整明确了效益性和发展性的综合认识。同时，产业可持续发展研究还常常表现在新型工业化的界定及实现策略上，如从新型工业化模式来看，一般认为新型工业化是资源开发与保护并重的技术路线，信息化和生态化的产业结构，非物质化的资源投入结构，清洁的生产方式，生态综合经济区划等等。总之，产业可持续发展强调产业的发展要运用经济手段和有效的制度规则、政策等引导技术进步，增强资源的再生能力，限制或合理利用非再生资源，并使再生资源替代非再生资源成为可能。同时，产业发展还必须考虑生态环境的承载能力，需要通过清洁生产等方式来淘汰一些高能耗、高污染的产业。其次，广义的产业可持续发展还需要客观地把握农工商各产业之间的均衡发展及产业布局与人口分布的均衡，并处理好不同属性的产业发展均衡性，即传统产业与新兴高新技术产业、环境产业等共同发展的要求。

2.3.2　产业生态学理论

产业生态学是研究如何在生产过程中考虑环境和资源节约的一门新兴学科。其代表性定义有：① 1991 年美国国家科学院的定义：产业生态学是对各种产业活动及其产品与环境之间相互关系的跨学科研究；② 1997 年《产业生态学》杂志主编 R. Lifset 在发刊词中的定义：产业生态学是一门迅速发展的系统科学分支，它从局部、地区和全球三个层次系统地研究产品、工艺、产业部门和经济部门中的物流和能流，其焦点是研究产业界如何降低产品生命周期过程（包括原材料采掘与生产、产品制造、产品使用和废弃物管理）中的环境影响；③ 1995 年耶鲁大学 T. Graedel 教授在《产业生态学》教材中的定义：产业生态学是人类在经济、文化和技术不断发展的前提下，对整个物质周期过程加以优化的系统方法；产业生态学的目的是协调产业系统与自然环境的关系；④我国学者王如松的定义：产业生态学是一门研究社会生产活动中自然资源从源、流到汇的全代谢过程、组织管理体制以及生产消费行为调控的系统科学。

产业生态学思想及理论是把产业系统看成是一种特定的生态系统，是赖于由生物圈提供资源和服务的物质、能量和信息的分布与循环交换过程（如图2.6所示）①。因此，产业生态系统也就被视为仿照自然生态系统对各组织的物质、能量和信息等进行的系统构造，是在一定时间、空间中的所有产业组织与其环境之间进行物质、能量和信息交换而形成的体系。

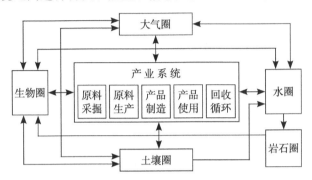

图2.6　产业生态系统与自然系统的物流循环图

产业生态学理论的核心是借助产业体系模仿自然生态系统的运行规则，使得物质、能量等资源充分利用，以封闭型的循环模式实现可持续性。其要求系统全面地将环境因素纳入到产品及服务的设计、开发、生产等过程，实现经济与环境兼容、人与自然和谐共处的可持续发展目标。为了更好地理解其运行规则，可根据产业生态系统中各产业组织功能的不同，引用周文宗、王寿兵等学者提出的借鉴自然生态系统将其分为与之相类似的生产者、消费者和分解者的功能结构，具体可如图2.7所示。

同时，与自然生态系统由简单向复杂进化的过程相类似，产业生态系统也具有由低级向高级演化的过程，典型代表有 B. R. Allenby、T. Graedel 等基于物质和能量的流动方式，提出的从"线性物质流"到"拟循环物质流"，再到"循环物质流"的产业生态系统三级进化理论。其中，一级产业生态系统中的物质、能量是线性流动的，即系统中的各组织从自然界吸取原材料及资源，并经过整个系统的生产、流通等过程之后产生大量的废弃物；二级产业生态系统是随着产业生态系统的进化，系统内成员联系更为紧密，出现

---

① 资料来源：杨建新，王如松.产业生态学基本理论探讨[J].城市环境与城市生态，1998（11）.

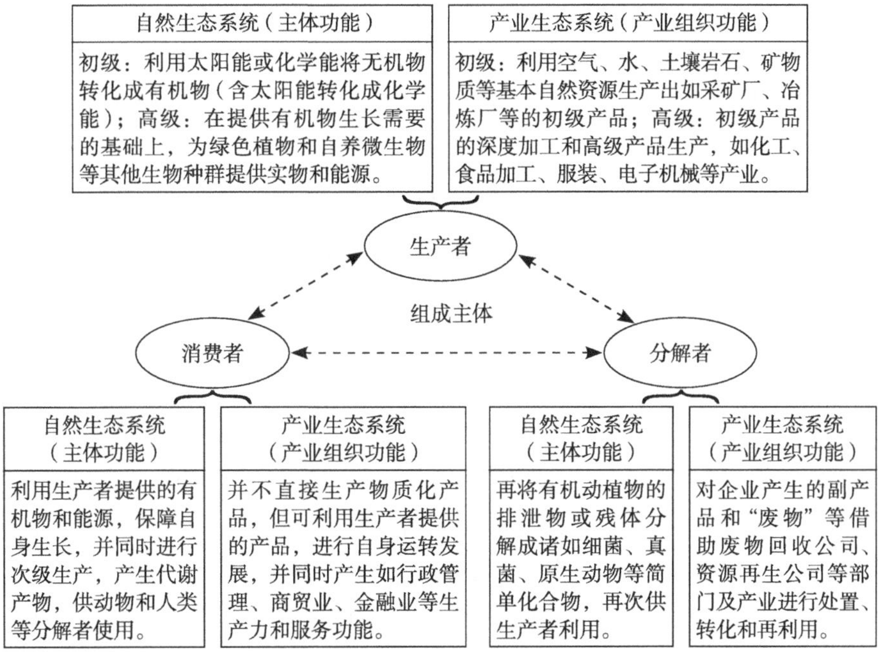

自然生态系统（主体功能）	产业生态系统（产业组织功能）
初级：利用太阳能或化学能将无机物转化成有机物（含太阳能转化成化学能）；高级：在提供有机物生长需要的基础上，为绿色植物和自养微生物等其他生物种群提供实物和能源。	初级：利用空气、水、土壤岩石、矿物质等基本自然资源生产出如采矿厂、冶炼厂等的初级产品；高级：初级产品的深度加工和高级产品生产，如化工、食品加工、服装、电子机械等产业。

生产者

组成主体

消费者　　　　　　分解者

自然生态系统（主体功能）	产业生态系统（产业组织功能）	自然生态系统（主体功能）	产业生态系统（产业组织功能）
利用生产者提供的有机物和能源，保障自身生长，并同时进行次级生产，产生代谢产物，供动物和人类等分解者使用。	并不直接生产物质化产品，但可利用生产者提供的产品，进行自身运转发展，并同时产生如行政管理、商贸业、金融业等生产力和服务功能。	再将有机动植物的排泄物或残体分解成诸如细菌、真菌、原生动物等简单化合物，再次供生产者利用。	对企业产生的副产品和"废物"等借助废物回收公司、资源再生公司等部门及产业进行处置、转化和再利用。

图 2.7　自然生态系统与产业生态系统的功能结构及组成对比图[①]

部分废弃物内部化的循环利用模式，形成内部物质、能量流量较大，而进入和流出系统的资源和废物较少的产业生态系统；三级产业生态系统是以完全循环的方式运行，系统内形成闭路循环物质流，即某一过程的代谢废物可以全部转化为另一过程的资源，于是整个生态系统与外部的联系只是吸取太阳能，并无废弃物向系统外输出。然而，对于现实人类活动来说，仅靠外部太阳能并实现系统内部完全物质循环的三级生态产业系统是不可能存在的，总是会有一定数量的废弃物必然要被排放到系统外的自然界中。由此，只有当出现资源消耗和污染排放均是在环境承载力限度之内时，产业生态系统就能以自然生态系统的一个子系统参与到自然生态大系统之中，并在自然生态大系统中实现物质、能量等的闭环流动，进而发展成为我们所力争的理想的产业生态系统（如图 2.8 所示）。

① 资料来源：周文宗，刘金娥，王光. 生态产业与产业生态学 [M]. 北京：化学工业出版社，2005；王寿兵，吴峰. 产业生态学 [M]. 北京：化学工业出版社，2006.

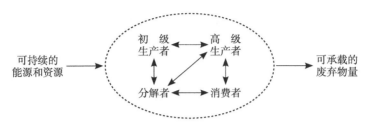

图 2.8　理想产业生态系统的模式

由此，产业生态理论在宏观层面上还包括了企业、区域和国家三个层次的应用策略。就企业层次而言，要求企业减少产品和服务的能源消耗，减少有毒物质的排放，加强材料的循环利用，最大限度地利用可再生资源；就区域层次而言，要建立区域内的物质、能量、信息的集成，增强企业间的原料输出入循环机制，如提升生态产业园大循环系统的效率；在国家层面上，实现对整个国家的资源开发、经济增长模式和产业结构等进行调整。

可以说，产业生态学在发展中借助生命周期评价、资源分析、代谢分析、环境质量管理、情景设想等分析工具，体现了生态学与产业发展理论相结合的同时，也为城市建设中的产业发展在从微观到宏观、从思想到实践策略、从自然系统到人与自然的综合系统等多角度提供了理论指导。

2.3.3　生态产业理论

生态产业最早是在德国提出，随着人们的重视而发展迅速，并有了较多层次的认识。如有将其与环保产业平行，认为生态产业主要是指基于生态学原理，符合一定标准的各类生态型产品及加工产品的生产和流通而形成的一个新兴产业，主要标志是生态农业、绿色食品、无公害食品、生态食品、有机食品的产生与发展。还有将生态产业概括为在生态保护、生态建设、生态恢复等过程中建立的所有相关产业的综合。再有就是把产业发展生态化视为生态产业，即"在宏观上以生态战略为指导调整产业布局和产业结构，在微观上给企业规定严格的有法律约束力的生态标准，从整体和局部两个方面规范产业行为，提高资源利用效率，减少环境污染，不断实现资源永续利用，使环境逐渐改善，经济持续发展的过程。"①

总之，狭义上看生态产业是传统意义上的环保产业，广义上看是一切直接及间接与生态环境建设、保护、管理有关的部门和产业的总称，是从事生产、创造生态环境产品或者生态环境收益的产业和生态环境保护与建设保护与建设服务的产业及符合生态环境要求的绿色技术与绿色产品生产相关的部门和产业的集合。同时，我们从区域经济产业发展的角度分析，生态产业是指在区域经济发展中的各个产业内部的生态化指标衡定和产业之间的生态链条的对接。生态产业的功能具有共同性，即在每一类产业中的环境破坏最小化、资源利用最大化，以生态工程技术为手段，最大限度地达到"自然、经济、社会"复杂关系的整体协调。生态产业是现代经济社会发展的基本条件，是 21 世纪产业经济发展和产业结构演变的总趋势，它也逐步在扩展中与产业生态学形成新的大综合而更加系统化、全面化。因此，大力发展生态产业已经成为我国产业结构调整优化，实现国民经济持续协调发展的关键。在未来的新世纪里，无一产业构成及产业体系将不是生态化的！

2.3.4 产业空间布局理论

产业空间布局是指产业在国家或地区范围内的空间组合，受原料、动力燃料、市场、技术、劳动力、资金和环境等多方面因素影响，包含了产业空间结构区位理论、比较优势理论、产业集聚效应理论等多层次、多角度的内容。

产业空间结构是指各产业的生产力在地域空间上的分布与组合。产业空间结构是人类作用于生态环境的重要载体，其与生态环境之间必然存在着强烈的交互关系，一方面不同类型的产业空间布局对区域内生态环境的影响程度不同；另一方面区域内自然资源的质量、数量及空间结构也决定着可能性的产业类型安排。因此，要实现区域内产业经济与生态环境和谐发展，就必须以自然资源、环境为前提条件，优化产业空间结构，才能获得高效率、高品质、大规模的经济、社会、文化效益。

---

① 王松霖. 走向 21 世纪的生态经济管理 [M]. 北京：中国环境科学出版社，1997.

同时，产业集聚也表现为在竞争与合作并存的特定领域内，彼此关联的企业、产品与服务的供应商以及相关政府等其他机构的地理聚集体。它也是实现收益递增、规模经济、生态经济等产业集聚效应的新产业区位理论的实践证明。正如美国学者刘易斯·芒福德所说"城市的主要功能是化能量为文化，化集聚力为形，化生物繁衍为社会创造力……"可以看出产业集聚对城市及生态城市发展有着积极推动作用，它也符合生态城市的基本要求。

总之，综上所述，生态城市的理念及理论基础是一个融生态学、人类学、经济学、社会学、城市学、伦理学、哲学、地理学等诸多相关理论为一体的综合过程。其在城市可持续发展进程中，借鉴各类理论的实践经验，最终为构建具有优美舒适的自然环境和处于良性动态均衡的生态支持系统，物资流、人力资源、能量流、价值流得以高效流动，实现真正的社会公平和民主，以及保障人文文化的进步与多样性等生态城市建设提供了坚实的理论依据。

第三章　生态城市评价体系研究

§3.1　生态城市评价指标体系

城市是一个多层次、多功能、多目标的评价对象，故考察城市综合生态水平也就需要一个多层次、多功能尺度的标准体系作为评价手段，因此对建立的较全面反映生态城市现状和发展的评价指标而言，就不可能是唯一性的，而只能是结合国情、地情、经典惯例等因素的综合选择的过程。

鉴于生态学者、经济学家、政府组织、环保机构等各研究主体的研究侧重点、理念、方法不同，目前国际上已提出的指标体系从侧重点可以大致分为：基于经济发展的生态指标体系、强调社会—制度因素的生态指标体系、强调生态—资源—环境因素的生态指标体系，以及基于方法和系统理论再综合而构建的指标体系等多种形式的指标体系。而我国学者在借鉴国外经验成果的同时，也逐步建立了各种生态城市评价指标体系，并形成了社会—经济—自然复合型、结构—功能—协调度城市属性型生态城市评价指标体系两大类主流，以及与其他相关的生态城市评价指标体系相配合的评价指标体系结构。总之，每类方法各有特色，在各个城市建设中也均有广泛应用，并形成了一些具有典型代表性的指标体系框架。

3.1.1　社会—经济—自然复合型指标体系

这是两大主流指标体系的第一类，是以社会、经济、自然子系统分析出发构建指标体系，并有部分扩展的复合型指标体系。如刘则渊等学者在可持续发展基础上从经济可持续、社会可持续、生态可持续三方面建立了生态城市评价指标体系（简表见表3.1）以及黄光宇[①]将准则层分为自然生态和谐度、经济生态高效度、社会生态文明度所构成的生态指标体系，再有马道明从"公平的社会生态、高效的经济生态、和谐的人居生态、健康的环境生态、畅达的交通生态"五个层面有所发展而构建的生态文明城市指标体系（见表3.2）等均是具有一定代表性的指标体系结构。

表 3.1　生态城市建设标准指标体系简表

目标	指　标
经济可持续	人均 GDP、第三产业增加值 /GDP、就业率、投资率、物价变动率、万元产值能耗、旅游收入 /GDP
社会可持续	人均受教育年限、科技投入 /GDP、恩格尔系数、基尼系数、万人医生数、每万人案件发生率、平均预期寿命、每百人拥有电话、城市化率、人均居住面积、人均道路面积
生态可持续	人均水资源、清洁饮用水普及率、污水排放处理达标率、废水排放量、废气排放量、固体废物排放量、废物回收利用率、环境噪声、悬浮物、SO_2、NO_2、绿化覆盖率、人均公共绿地、环保投入、燃气普及率、垃圾无害化处理率、集中供热率、水土保持率、土地储备率、耕地率、自然保护区面积占土地面积的比例

表 3.2　生态文明城市指标体系及评价等级表[②]

目标层	准则层	指标层
城市生态文明	公平的社会生态	城市生命线完好率（%）、城市化水平（%）、城市气化率（%）、城市集中供热率（%）、恩格尔系数（%）、基尼系数、高等教育入学率（%）、人口预期平均寿命（岁）、环保教育普及率（%）、社会保险普及率（%）、就业率（%）、社会政治状况
	高效的经济生态	人均国内生产总值（元 / 人）、年人均财政收入（元 / 人）、农民年人均纯收入（元 / 人）、城镇居民年人均可支配收入（元 / 人）、第三产业占 GDP 比例（%）、单位 GDP 能耗（吨标准煤 / 万元）、单位 GDP 水耗（m^3/ 万元）、水资源供应水平、能源供应水平、土地供应水平
	和谐的人居生态	城乡空间形态与自然的结合、城乡功能布局、城乡风貌景观、人居基础设施配置、城镇人均居住面积（m^2/ 人）、主城区人口密度（人 /km^2）、建成区绿化覆盖率（%）、每万人拥有公交车辆（标台）

① 黄光宇 . 生态城市理论与规划设计方法 [M]. 北京：科学出版社，2002.

② 马道明 . 生态文明城市构建路径与评价体系研究 [J]. 城市可持续发展，2009（10）.

续表3.2

目标层	准则层	指标层
城市生态文明	健康的环境生态	森林覆盖率（%）、受保护地区占国土面积比例（%）、退化土地恢复治理率（%）、城市空气质量（好于或等于2级标准）（天/年）、城市水功能区水质达标率（%）、SO₂排放强度（kg/万元GDP）、COD排放强度（kg/万元GDP）、集中式饮用水源水质达标率（%）、城镇生活污水集中处理率（%）、噪声达标区覆盖率（%）、城镇生活垃圾无害化处理率（%）、工业固体废物处理处置率（%）、城镇人均公共绿地面积（m²/人）、环境保护投资占GDP比例（%）
	畅达的交通生态	交通道路级别与沿线区域发展匹配程度、交叉口阻塞率（%）、主干道平均车速、交通安全管理等级、道路声环境达标率（%）、尾气污染状况（%）、公交线路设置居民出行方便度、主要交通干道公交优先措施实施、道路绿化率（%）

3.1.2 结构—功能—协调度的城市属性型指标体系

这是两大主流指标体系的第二类，是从城市的结构、功能、协调度的层面展开建立的城市属性型指标体系。如王祥荣[①]在构建上海城市可持续发展评价指标体系时提出应遵循综合性、层次性、代表性、阶段性、可操作性、可比性等原则，并据此建立了由3个层次、30项指标组成的指标体系，其最高指标就是生态城市综合发展指标。此后，宋永昌、柳兴国等学者还结合所考察城市的自身特点，在王祥荣提出的生态城市综合发展指标上加以调整或简化（见表3.3）。

表3.3 生态城市评价指标和评价标准表[②]

一级指标	二级指标	三级指标
结构	人口结构	人口密度、万人高等学历数
	基础设施	人均居住面积、人均道路面积、万人病床数
	城市环境	环境噪声
	城市绿化	人均公共绿地、绿地覆盖率

① 王祥荣.生态与环境——城市可持续发展与生态环境调控新论[M].南京：东南大学出版社，2000.
② 柳兴国.生态城市评价指标体系实证分析[J].济南大学学报（社会科学版），2008（6）.

一级指标	二级指标	三级指标
功能	污染控制	工业废水排放达标率、工业废气处理率
	资源配置	人均日生活用水、百人拥有电话数
	生产效率	人均 GDP
协调度	社会保障	失业率
	城市文明	万人拥有藏书量
	可持续性	科教投入占 GDP 比重、乡村与城市收入比

3.1.3 城市复合属性型指标体系

还有个别学者将两大类内容部分交叉，形成一个更综合的城市复合属性型指标体系。如王如松认为城市生态调控的具体内容是调节城市生态关系的"时""空""量""序"四种表现形态；生态城市的衡量指标需要包括：①测度城市物质能量流畅程度的生态滞竭系数；②测度城市合理组织程度的生态协调系数；③测度城市自我调节能力的生态成熟度等。进而以扬州为例从社会、经济、自然三个系统的状态、动态和实力三个方面出发构建了生态城市评价指标系统（见表 3.4）。

表 3.4　扬州市生态城市评价指标体系[①]

一级指标	二级指标	三级指标	四级指标
生态城市综合发展能力	发展状态	经济水平	人均 GDP、国土产出率
		生活质量	人均期望寿命、住房指数
		环境质量	区域优于Ⅲ类水体比例、空气质量指数、森林覆盖率、公众对环境的满意度

① 王如松.山水城市建设的人类生态学原理—城市学与山水城市 [M].北京：中国建筑工业出版社，1994.

续表 3.4

一级指标	二级指标	三级指标	四级指标
生态城市综合发展能力	发展动态	经济动态	GDP 年增长率、能源产出率、财政收入占 GDP 比例
		社会动态	基尼指数倒数
		环保动态	退化土地恢复率、工业废水排放达标率、城区生活垃圾无害化资源化率、畜禽粪便资源化率
	发展实力	经济发展实力	企业 ISO14000 认证率、固定资产投资占 GDP 比例
		社会发展实力	从事研发人员比例、成人平均受教育年限、政府职能部门符合生态市规划的政策条例比率
		生态建设实力	环境保护投资占 GDP 比例、受保护地面积比例、市民环境知识普及和参与率

3.1.4 国家环境保护部颁布的指标体系

国家环境保护总局在 2003 年颁布试行的《生态县、生态市、生态省建设指标》和环境保护部在 2008 年再次颁布的修订稿主要从经济发展、环境保护和社会进步三方面来考核生态城市的"生态市建设指标体系",成为各级政府部门、研究机构、学者等设计和构建生态城市指标的一个普遍的参考依据(详见表 3.5),此后各级市县也在此基础上进行了适应性发展。

表 3.5　国家环保局文件:生态市省建设指标(2008 修订稿)

	序号	名　称	单位	指标	说明
经济发展	1	农民年人均纯收入	元/人		约束性指标
		经济发达地区		≥ 8000	
		经济欠发达地区		≥ 6000	
	2	第三产业占 GDP 比例	%	≥ 40	参考性指标
	3	单位 GDP 能耗	吨标煤/万元	≤ 0.9	约束性指标
	4	单位工业增加值新鲜水耗	m³/万元	≤ 20	约束性指标
		农业灌溉水有效利用系数		≥ 0.55	
	5	应当实施强制性清洁生产企业通过验收的比例	%	100	约束性指标

续表 3.5

	序号	名　称	单位	指标	说明
生态环境保护	6	森林覆盖率	%		约束性指标
		山区		≥70	
		丘陵区		≥40	
		平原地区		≥15	
		高寒区或草原区林草覆盖率		≥85	
	7	受保护地区占国土面积比例	%	≥17	约束性指标
	8	空气环境质量	—	达到功能区标准	约束性指标
	9	水环境质量	—	达到功能区标准，且城市无劣 V 类水体	约束性指标
		近岸海域水环境质量			
	10	主要污染物排放强度	千克/万元（GDP）		约束性指标
		化学需氧量（COD）		<4.0	
		二氧化硫（SO_2）		<5.0 不超过国家总量控制指标	
	11	集中式饮用水源水质达标率	%	100	约束性指标
	12	城市污水集中处理率	%	≥85	约束性指标
		工业用水重复率		≥80	
	13	噪声环境质量	—	达到功能区标准	约束性指标
	14	城镇生活垃圾无害化处理率	%	≥90	约束性指标
		工业固体废物处置利用率		≥90 且无危险废物排放	
	15	城镇人均公共绿地面积	m²/人	≥11	约束性指标
	16	环境保护投资占 GDP 的比重	%	≥3.5	约束性指标
社会进步	17	城市化水平	%	≥55	参考性指标
	18	采暖地区集中供热普及率	%	≥65	参考性指标
	19	公众对环境的满意率	%	>90	参考性指标

　　与国家环境保护部生态城市指标体系相似，中国科学院还设计了"中国可持续发展指标体系"，其指标体系虽然较全面，经济指标和社会指标均占据很大比例，但由于部分指标过于笼统，导致操作难度较大。还有"国家生态园林城市标准"则具有明显的园林业标准的色彩，城市生态环境指标比重

非常大，对城市经济和社会发展指标考虑相对较少。再有"环保模范城市创建指标""宜居城市指标体系"等都有与生态城市建设及评价指标中部分相一致的内容，也可在构建生态城市评价指标体系时加以相互参考、借鉴。

3.1.5　其他生态城市指标体系

此外，也有学者还从其他方面探讨过生态城市的指标体系构成，如赵清等以厦门为例从健康、安全、发展角度分析自然、社会、经济系统的生态城市建设指标体系的设计（见表3.6），以及宋马林等从生态制度、生态行为、生态意识角度出发分解生态文明城市建设的指标体系（见表3.7）等。这些相关的生态城市建设及评价指标体系同样可作为我们探索生态城市构建的补充参考。

表 3.6　厦门生态城市建设评价指标体系[①]

目标层	分目标层	要素层	指标层
健康	自然健康	自然活力	城市水功能区达标率、近岸海域水质达标率、空气质量优良天数、环境噪声达标区覆盖率、物种多样性指数
		自然结构	自然保护区覆盖率、森林覆盖率、建成区人均公共绿地面积
		特征性指标	深水岸线的资源状况、滨海旅游资源量大小、国家级海洋珍稀物种保护现状、湿地保护现状
	社会健康	社会活力	恩格尔系数、人均预期寿命、万人科技人员数
		社会结构	建成区人口密度、城市化率
		特征性指标	闽南文化保持状况
	经济健康	经济活力	经济持续增长率、城镇居民人均可支配收入、万元产值能耗、万元产值水耗
		经济结构	三次产业比例、进出口总额占 GDP 比重
		特征性指标	吞吐量的利润值、旅游业发展状况

---

① 赵清，张路平.生态城市指标体系研究——以厦门为例 [J].海洋环境科学，2009（2）.

续表3.6

目标层	分目标层	要素层	指标层
安全	自然安全	自然稳定性	人均生态足迹、建成区绿地率、集中式饮用水源水质达标率、空气污染指数、危险废物安全处置率
		自然恢复力	工业废水达标排放率、城市生活污水集中处理率、工业用水重复利用率
		特征性指标	深水岸线的受威胁状况、滨海旅游资源的受威胁状况、国家级海洋珍稀保护物种受威胁状况、湿地受威胁状况
	社会安全	社会稳定性	万人刑事案件发生数、万人拥有病床数、城市人口失业率、社会保障覆盖率
		社会恢复力	城市可持续发展战略规划情况、城市可持续发展综合决策情况
		特征性指标	外来文化对闽南文化的冲击程度
	经济安全	经济稳定性	人均GDP的10年变化幅度、通货膨胀率
		经济恢复力	大中型企业研发经费占GDP比重、科技教育经费支出占GDP比重
		特征性指标	利用冲突、旅游业与其他行业的资源利用冲突
发展	自然发展	资源潜力	人均土地面积、人均水资源量
		自然被维护潜力	环保投入占GDP比例
		特征性指标	深水岸线资源的潜力大小、滨海旅游资源的潜力大小、国家级海洋珍稀物种受保护程度、湿地发展潜力大小
	社会发展	社会发展潜力	万人在校大学生数
		社会与自然协调	公众的环保意识程度、基尼系数
		特征性指标	闽南文化发展潜力大小
	经济发展	经济发展潜力	高新技术行业产值占GDP比重、外资占本地投资中的比率
		经济与自然协调	生态赤字、主导产业与优势资源的契合度
		特征性指标	港口航运业发展潜力大小、旅游业发展潜力大小

注：特征性指标为厦门区域内附加的特色指标

表 3.7 生态文明城市建设指标体系[①]

一级指标	二级指标	三级指标
生态制度文明	环境管理制度	重点行业清洁生产审核执行率；重点企业 ISO14000 认证率；环境管理能力标准化建设达标率；规划环境影响评价执行率
	政府工作绩效	生态环境质量是否纳入党政领导班子和领导干部政绩考核体系；生态环境议案、提案、建议比例；恩格尔系数；基尼系数；公众对政府致力于环境保护的满意度
生态行为文明	生产行为	单位 GDP 标煤能耗；单位 GDP 水耗；单位上地产出值；工业废水重复利用率 工业固体废物综合利用率；主要农产品中有机、绿色及无公害产品种植面积的比重；规模化畜禽养殖场粪便综合利用率；化肥使用强度（折纯）
	生活行为	城镇生活垃圾无害化处理率；城镇生活污水集中处理率；节能节水器具的家庭使用率；政府无纸化办公率
	环境质量	API 指数 ≤ 100 的天数占全年天数比例；集中式饮用水水源地水质达标率；城市水环境功能区水质达标率；噪声达标区覆盖率；森林覆盖率；人均公共绿地而积
生态意识文明	物质基础	人均 GDP；城镇居民人均可支配收入；农民人均纯收入
	生态宣传	生态知识宣传教育普及率；公共文化设施免费开放程度；民间环保组织数量；公众对环境的满意率
	生态教育	中小学环境教育普及率；生态文化产业占 GDP 比重

§3.2 生态城市评价方法分析

从现有资料看，我国的城市生态可持续发展指标研究常常参照层次分析法的指标框架，利用系统理论和方法，在将生态城市作为目标层的基础上，首先以经济、社会、环境等几大方面作为准则层，表征城市复合生态系统协调发展、结构和功能的和谐程度；然后在指标层中将指标细分和权重分

---

① 宋马林．杨杰．社会主义生态文明建设评价指标体系：一个基于 AHP 的构建脚本 [J]. 深圳职业技术学院学报，2008（4）.

配^①；最后根据数据进行计算校正。

在进行生态城市建设综合评价过程中，还涉及了两个步骤（或层面）：首先借助各个类别生态可持续性评价方法进行分析，然后再在前期计算结果的基础上进行多目标的综合评价，各个阶段主要应用的方法可见表3.8。

表3.8 生态城市建设主要评价方法表

各类别生态可持续性评价方法		多目标综合评价方法	
类别	常用方法	类别	常用方法
生态评价	生态足迹EF、生态适宜度、生命周期评价法、城市代谢法	专家评价	评分法、优序法、综合评分法
经济评价	真实储蓄率GSR、环境近似调整后的国民生产净值AEANNP	经济判别	包括特定情况的综合指标和一般费用效益分析，如态势分析法SWOT
社会—政治评价	可持续经济福利指数ISEW、真实发展指标GPI	运筹学及多元统计	模糊综合评价法、数据包络分析法DEA、层次分析法AHP、主成分分析法PCA、因子分析法、可能满意度法

由此，本研究首先介绍层次分析法及在生态城市评价中的运用，然后再从上述两个层面概括性介绍生态适宜度分析法、真实储蓄率评价法、生命周期评价法等几项生态可持续性评价的常用方法，以及态势分析法（SWOT）、模糊综合评价法、主成分分析法（PCA）等几项多目标综合评价的常用方法，并部分借鉴了个别学者对某些生态城市建设评价的实践事例进行详细的解释和说明。

3.2.1 层次分析法

（一）层次分析法的基本理论

层次分析法（简称AHP）是定性与定量相结合的系统分析方法之一，近年来各类学科研究中常被作为分析多目标、多准则的复杂大系统的重要工具。它首先根据最终目标将问题分解成不同的组成因素，并结合各因素之间

---

① 注：权重系数确定有主观性权重（德尔菲法、层次分析）和信息量权重（主成分分析、因子分析）。

的相互影响将其分层聚类，进而构造一个阶梯式的层次结构模型；然后结合专家、公众等人群对客观现实的判断，对该模型中每层、每个因素的相对重要程度给予定量评价，并借助统计学方法获得每层所有因素相对重要程度的权重值，以及综合计算各层相对重要程度权重值；最后得到最下层对于目标层的重要程度次序的组合权重值，且以此作为某个方案评价和选择的依据。

层次分析法主要步骤可以表示为：构造层次结构模型→进行原始数据无量纲处理→构造判断矩阵→层次单排序→层次总排序→一致性检验→做出评价结论。如根据 AHP 原理首先构建区域经济社会评价的递阶层次结构模型[①]（如图 3.1 所示）；然后在完成原始数据无量纲处理的基础上，确定各层不同因素相对于上层各因素的相对重要程度权数（AHP 常参考两两比较的方法，评价标准可类似表 3.9），再采用专家评价法和问卷调查法相结合的手段，确定 AHP 准则层各指标的两两比较判断矩阵，并进行一致性检验；最后完成上述判断矩阵内各指标权重的计算，并将经过标准化处理后的数据加权求和，从而计算出不同区域经济评价综合得分，进而加以比较分析。

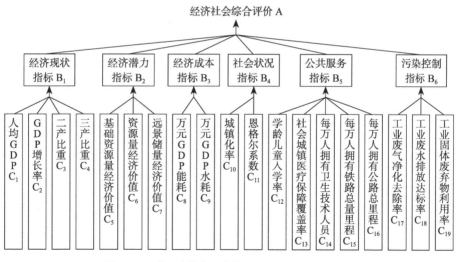

图 3.1 区域经济社会评价的 AHP 分析模型示例

---

① 余际从. 层次分析法在西部矿产资源接替选区经济社会综合评价中的应用 [J]. 中国矿业，2009（1）.

表3.9　AHP1—9级标度[①]表示表

标度	1	3	5	7	9	2、4、6、8	倒数
两个因素相比	具有同等重要性	一个比另一个稍重要	一个比另一个明显重要	一个比另一个强烈重要	一个比另一个极端重要	两个相邻判断的中值	描述的相反情况

（二）层次分析法中生态城市指标值的一般计算过程

①三级指标数值的计算过程

三级指标数值 B_i 是生态城市评价指标体系的计算基础，其计算公式如下： $B_i = 1 - \dfrac{A_i - C_i}{A_i - Min}$ （指标数值越大越好）或 $B_i = 1 - \dfrac{C_i - A_i}{Max - A_i}$ （指标数值越小越好）。其中，上式中的 A_i 是某三级指标值，而 C_i 是根据评价城市选取的某三级指标的现状值，Max 可以是所选相关城市指标中的最大值，而 Min 是所选相关城市指标中的最小值。

②二级指标数值的计算过程

二级指标数值 S_i 则是根据其所属三级指标数值的算术平均值加以计算而得，其计算公式如下： $S_i = \left(\sum_{i=1}^{m} B_i\right)\Big/ m$ 。其中，公式中的 m 是该二级指标所属三级指标的项数。

③一级指标数值的计算过程

一级指标指数 H_i 是根据其所属各一级指标数值乘以各自的权重后进行加和，计算公式如下： $H_i = \sum_{i=1}^{n} S_i W_i$ 。其中，公式中的 W_i 是某个二级指标的权重值，n 则是该一级指标所属二级指标的项目数。

④生态综合指数的计算过程

生态综合指数就是将各一级指标数值乘以各自权重获得的再一次综合加总的值，计算公式如下： $ECI = \sum_{i=1}^{k} H_i P_i$ 。其中，公式中的 P_i 是某一级指标的权重，k 是一级指标的项数。

上述计算过程中各级指标权重的确定非常重要，可利用专家评分法和上

① 标度值的设计可根据研究实际需要进行调整。

述层次分析法等手段确定，然后再参照国内外的各种综合指数的分组方法，设计一个分级标准，并给出相应的分级评语（如表3.10），从而最终形成生态城市建设的评价结果。

表 3.10 城市生态化程度分级表

分级	生态综合指数值	评语
第 I 级	≥ 0.75	生态化建设程度很高
第 II 级	0.50 ～ 0.75	生态化建设程度较高
第 III 级	0.35 ～ 0.50	生态化建设程度一般
第 IV 级	0.25 ～ 0.35	生态化建设程度较低
第 V 级	≤ 0.20	生态化建设程度很差

3.2.2 生态可持续性的评价方法

3.2.2.1 生态适宜度分析

生态适宜度 [①] 分析是指在规划区内研究生态因素对给定的土地利用方式的适宜程度或状况的分析，也可以作为土地开发利用中生态可持续性的研究依据。生态适宜度分析首先需要在规划区内进行土地面积网格调查 [②]，然后在对所有土地面积网格进行生态分类的基础上进行生态分析，并将生态状况相近的适当归为一类，同时计算每种类型的网格数以及在总网格中所占的百分比，进而为生态规划提供基本依据。一般来说，进行生态适宜度评价的基本程序可以大致如图 3.2 所示：

详细步骤为：

第一步：准备阶段。先明确生态城市规划区范围以及该范围内能够适用的土地利用方式，然后制作网格标志，并且说明各土地类型所占比例。同时用德尔菲法筛选出对各种用地类型有显著影响的生态因子，并计算其影响作用的相对大小——即权重值。如表 3.11 所示。

---

① 生态适宜度是指在规划区内确定的土地利用方式对生态因素的影响程度。
② 土地面积网格调查如可采用每一平方千米为一个网格单位，并测定区域内各种地类面积及网格数。

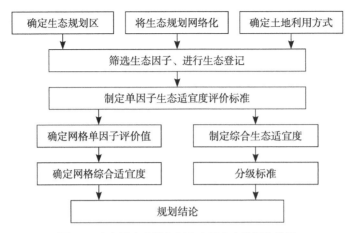

图 3.2　生态城市土地规划生态适宜度分析路线图

表 3.11　城市类型用地生态因子权重顺序表

类型		城市建设用地生态因子权重顺序	发展生态旅游项目用地生态因子权重顺序	发展生态健康产业用地生态因子权重顺序
权重值	0.5	土地开发成本（A）	植被现状（A）	土地利用强度（A）
	0.2	基础设施情况（B）	基础设施（B）	土地开发成本（B）
	0.15	土地利用强度（C）	土地利用强度（C）	基础设施（C）
	0.1	城市发展拓展度（D）	土地开发成本（D）	植被现状（D）
	0.05	植被现状（E）	城市发展拓展度（E）	城市发展拓展度（E）

　　第二步：制定生态适宜度的评价标准。即以各生态因素对给定的土地利用方式的生态影响规律为基础，制定出单因子生态适宜度的评价标准（见表 3.12），然后应用数学处理方法以及结合具体研究区域实际情况，最终制定出所研究的生态规划区内土地对于给定的相应土地利用方式的综合适宜度的实际评价标准（见表 3.13 和表 3.14）[1]。

　　其中，对于单因子生态适宜度的综合评价值的数学计算表达式主要有以下几种：①代数和表达式：$A_{ij} = \sum\limits_{m=1}^{n} A_{imj}$；②算式术平均值表达式：

---

①　各表均来源于：李振基，郑海雷. 生态学 [M]. 北京：科学出版社，2004.

表 3.12 因子生态适宜度分级标准表

适宜度等级	生态单因子评价值				
	A	B	C	D	E
很适宜	9	9	9	9	9
适宜	7	7	7	7	7
基本适宜	5	5	5	5	5
基本不适宜	3	3	3	3	3
不适宜	1	1	1	1	1

表 3.13 综合生态适宜度分级界限表

状态描述	ABCDE 均很适宜	ABDE 均很适宜，C 适宜	ABCDE 均适宜	ABCDE 均基本适宜	ABCDE 均基本不适宜	ABCDE 均不适宜
单因子评价值	A=B=C=D=E=9	A=B=D=E=9 C=7	A=B=C=D=E=7	A=B=C=D=E=5	A=B=C=D=E=3	A=B=C=D=E=1
综合评价值	9	8.7	7	5	3	1

表 3.14 评价标准分级表

级值	分类
9	很适宜的上界（≤9）
8.7	适宜的上界（≤8.7）
7	基本适宜的上界（≤7）
5	基本不适宜的上界（≤5）
3	不适宜的上界（≤3）
1	不适宜的下界（≥1）
0	

$A_{ij} = \frac{1}{n}\sum_{m=1}^{n} A_{ij}$ ；③加权平均值表达式：$A_{ij} = W_m \times \dfrac{A_{imj}}{W_m}$ 。而在由单因子评价值合成综合评价值时常采用加权平均数模型，即：$A_{ij} = \dfrac{\sum\limits_{m=1}^{n} W_m \times A_{imj}}{\sum\limits_{m=1}^{n} W_m}$ ，

且上式中 $\sum\limits_{m=1}^{n} W_m = 1.0$ 。其中，上式中各符号的解释是：i 为网格地块编号，

j 为土地利用方式或类型编号，m 为影响土地利用方式或类型的生态因子编号，n 为影响土地利用方式或类型的生态因子总个数，A_{imj} 为土地利用方式为 j 的第 i 个网格的第 m 个生态因子对该类型或利用方式的适宜度评价值，也可简称单因子 m 的评价值，A_{ij} 为第 i 个网格，其利用方式是 j 时的综合评价值，W_m 为第 m 个生态因子的权值。

第三步：对评价结果进行分析。先是根据前阶段计算结果，在逐个网格确定单因子的适宜度评价值的基础上，利用数学公式及方法，根据单因子的生态适宜度的评价值或评分，再进而求出各网格对于给定土地利用类型——城市建设、生态旅游开发、发展生态健康产业等的生态适宜度的综合评价结果。然后结合每一土地利用方式的生态适宜评价，给出区域发展结论。如假设该区域内有Ⅰ已建成老区、Ⅱ新城区、Ⅲ机场等辐射区、Ⅳ山河林农区四种类型，可得出四类土地用途综合评价值汇总表（见表3.15），进而加以比较并得出结论。

表 3.15　四类土地用途综合评价值汇总表

土地未来可能用途	土地类别				建设用地的最佳选择
	已建成老区Ⅰ	新城区Ⅱ	机场等辐射区Ⅲ	山河林农区Ⅳ	
①城市建设	最后评价值	最后评价值	最后评价值	最后评价值	Ⅰ或Ⅱ或Ⅲ或Ⅳ
②生态旅游发展	最后评价值	最后评价值	最后评价值	最后评价值	Ⅰ或Ⅱ或Ⅲ或Ⅳ
③生态健康产业发展	最后评价值	最后评价值	最后评价值	最后评价值	Ⅰ或Ⅱ或Ⅲ或Ⅳ
土地未来用途最佳选择	①或②或③	①或②或③	①或②或③	①或②或③	

总之，生态适宜度分析能够为制定良好的城市规划方案提供科学依据，也进而为生态城市建设中土地利用、产业发展等可持续性评价提供了一种技术手段。

3.2.2.2　真实储蓄率评价法

真实储蓄率（GSR）是衡量生态城市发展可持续性程度的一个较为有效

而快捷的工具，其来源于世界银行 1995 年提出的"真实储蓄"①的认识，而真实储蓄与 GDP 的比值即为真实储蓄率 GSR。根据世界银行提出的定义，真实国内储蓄率是指在扣除了自然资源（特别是不可再生资源）的枯竭以及环境污染损失之后的一个国家真实的储蓄率。于是，真实储蓄计算公式为：

$S=GDP-C-\delta \times K+n(R-g)+\sigma \times (e-d)+Ee$，式中 C 为消费，$\delta \times K$ 为生产性资产折旧，n 为净边际资产租金率，g 为开采量，R 为可利用资源，（g–R）相当于资源存量变化率，当 R ＞ g 则出现资源耗竭；σ 为污染的边际社会成本，e 为污染排放量，d 指污染排放累积量的自然净化量，（d–e）为污染排放累积量变化率，$\sigma \times (e-d)$ 为污染损失量；Ee 为人力资本投资，常以教育支出占 GDP 比重代表。显然真实储蓄主要是由传统的净储蓄（GDP–C–$\delta \times K$）、自然资源净消耗的货币价值 n（R–g）、环境污染的货币价值 $\sigma \times (e-d)$ 以及人力资本投资 Ee 四个部分组成。

第一，自然资源的损耗主要包括：耕地和湿地减少造成的损失；经济生产活动中原油和煤炭等不可再生资源的消耗；水土流失带来的损失；生态服务功能下降带来的自然资源枯竭损失等。计算时可采用"净价格法"对不可再生资源建立实物账户进行记录，并根据其净价格（利润–边际生产成本）来计算折旧，而对可再生自然资源要着重考虑森林、耕地和湿地的价值等。

第二，环境污染损失包括当前的大气污染、水污染、噪声污染对人体健康的危害与治理的相关支出；以及长期的 CO_2 排放造成的影响和放射性废弃物的破坏等等。①计算大气污染损失时，可首先选取 SO_2、NO_2 作为主要污染物代表，然后采用人力资本法（HCA）和支付意愿法（WTP）估算其所带来的人体健康损失（如过早死亡、呼吸道看病人数、活动受限的天数、哮喘发病率等）进行货币化估算大气污染损失的下限；再采用支付意愿法（WTP）和参照国家空气质量二级标准和世界卫生组织 WHO 推荐标准的结果为上限。②噪声污染损失的计算也可根据"支付意愿"调查结果进行折

---

① 1995 年世界银行提出新国家财富体系，提出一个国家的总财富由自然资本、生产的财富、人力资源或人力资本三部分组成，并指出以"真实储蓄"来衡量财富是增加还是减少。如果真实储蓄小于 0，那么就意味着该经济系统的财富正在逐步减少，因此是不可持续的。

算。③计算水污染损失时主要需考虑城市水污染对人体健康的影响（水污染带来的肝炎、痢疾等疾病就诊医药费用，以及误工、早亡带来的经济损失等）、生活污水的治理费用、工业废水治理费用、城市排污管网建设和维护费用等。④对于气候变化和放射性废弃物的计算处理时，由于 CO_2、氟氯昂（ODS）等对环境的影响是长期的，很难被分解，因此在计算该项时需采用逐年累积的办法。如根据城市前十年间的煤炭、原油汽油和柴油的总消费量，以及相应的燃料所产生的 CO_2 净排放因子计算出城市 CO_2 的总排放量，再根据 CO_2 对全球造成的边际损害成本来估算损失。

具体的真实储蓄率 GSR 的计算程序可见表 3.16。

表 3.16　真实储蓄率 GSR 的计算程序

项目	计算程序
GDP	（1）
总消费	（2）
服务及货物净出口	（3）
国内总投资	（4）=（1）-（2）-（3）
经常性教育投资	（5）
广义国内总投资	（6）=（4）+（5）
国外借款	（7）
总储蓄	（8）=（6）-（7）
固定资产折旧	（9）
净储蓄	（10）=（8）-（9）
自然资源损耗	（11）
不含环境污染损失的真实储蓄	（12）=（10）-（11）
CO_2 的域外影响	（13）
环境污染损失上限	（14）
环境污染损失下限	（15）
真实储蓄 1	（16）=（10）-（11）-（13）-（15）
真实储蓄 2	（17）=（10）-（11）-（13）-（14）
GSR	（18）=（16）或（17）÷（1）

最终，可利用计算出的各个城市的 GSR 值来作为衡量生态城市建设程度的综合评价的参考，进而为生态城市发展中对于自然资本、生产的财富、人力资源或人力资本的协调提供科学依据。

3.2.2.3 生命周期评价法

国际标准化组织（ISO）将生命周期评价定义为是对产品或服务系统整个生命周期中与产品或服务系统的功能直接有关的环境影响、物质和能源的投入产出，进行汇集和测定的一套系统方法。

生命周期评价法是用于评价某产品（也可是某事物）的环境与潜在影响因素的技术，研究步骤为：①确定评价目标，并根据评价目的来界定研究所需的范围。②进行清单分析——即先要列出一份与研究系统相关的投入及产出清单，也就是要对生命周期各个阶段的所有投入（整个生命周期中消耗的原材料、能源）和所有产出（固态废弃物、大气污染物、水质污染物等）根据物质—能量平衡定律进行完整的调查分析。③影响分析——即对清单分析中所识别的环境负担的潜在影响程度值进行定性或定量地确定以及表征。④结果评价，是系统地评估在产品、事物及活动的整个生命周期内能源消耗程度、原材料使用效率、环境损耗的判断。

其中，对清单分析和影响分析中所识别的环境影响进行定性与定量的表征评价是该评价方法的重点内容，主要是借助定性分类、数据的特性化及加权赋值几个步骤完成。①定性分类是在对环境因子与影响类型的相关性分析基础上，对有相似影响的排放物归类后解释影响因子作用方式、污染物的贡献及影响强度等，同时也是确定合理评价对象的过程，如美国国家环保局定义的 8 种影响类别是资源消耗、全球气候变化、平流层臭氧消耗、酸雨化、富营养化、光化学烟雾、人体毒性及生态毒性。②数据的特性化是将影响因子对环境影响的程度加以定量化，并以相应的指标来代表。据 Lindeijer[1] 概括，目前比较有代表性的评价方法有 25 种，但基本可分为两类：环境问题法和目标距离法。环境问题法着眼于环境影响因子和影响机理，对各种环境

---

[1]　Lindeijer E. Normalization and valuation[A]. SETAC. To-wards a Methodology for Life Cycle Impact Assessment [C]. Brussel s，1996.

因素采用当量因子转换来进行数据标准化分析，其量化方法常采用将贡献率最大的影响因子作为标准的当量因子分析法，比如在研究全球变暖问题时常以 CO_2 为标准，于是就需对其余污染物均按对 CO_2 的当量进行折算，再把相应的环境影响进行累加。而目标距离法则着眼于影响后果，用某种环境效应的当前水平与目标水平（标准或容量）之间的距离来表征某种环境效应的严重性，如距离目标值越近，评价指标值越大，权重也越重。③加权赋值是对不同类型的环境影响进行加权、排序和赋值，并由此加以比较，加权方法仍多采用专家评分法和模型推算法。

总之，目前国际上常采用的诸如贝尔实验室的定性法、柏林工业大学的半定量法、日本的生态管理 NETS 法、荷兰的"环境效应"法、瑞典的 EPS 方法、丹麦的 EDIP 方法、瑞士的临界体积法等环境评价方法在本质上均是以生命周期理论为起点的。由此可见，在生态城市建设中许多环境问题的评价也必然会在一定程度上要借助其理念和具体的分析技术，如赵清[1]在以厦门为例分析生态城市指标体系时就将"半定量法"和专家咨询法相结合，为提取判别指标值提供依据。

3.2.2.4 城市代谢法

城市代谢法就是以一个城市为研究背景，并对其自然环境负荷的定量描述过程。Newman（1999）将城市代谢[2]定义为："是基于资源输入与废弃物产出分析的生物系统模式，其目标是要在提高城市的居住性的同时，能够维持再循环功能，尽可能减少对自然资源的消耗和尽量避免废弃物的产生，并由此将其最好控制在生态系统承载力之内。"

早期城市代谢法主要是建立了一个黑箱模型，研究重点是城市的输入和输出程度上的比较分析，并没有对物质能量在城市内部的运行机制进行

---

① 赵清. 生态城市指标体系研究——以厦门为例 [J]. 海洋环境科学，2009（2）.

② "城市代谢"概念是建立在 1965 年由 W Abel 提出的"城市代谢与循环必须是可持续的"认识上的。其中，"代谢"一词原为生物代谢，指生物摄取物质和能量，排除废弃物，而自身通过能量获得和物质更新实现生长和运转。与生命有机系统相似，城市也需要持续不断输入输出物质、能量和信息等代谢过程以实现其正常的运转。

研究。后来 Newman 引入可居住性的变量，并将输入输出变量进行了细化。目前其设计常常将城市分成不同的功能区，以各个功能区作为生态化城市研究的节点，而物质、能量流构成了城市的数据网，并借助生命周期作为评价手段，将城市看作一个各种功能复合的复杂系统进行分析。例如在对城市居住功能进行研究时，可先以小区作为研究基础性对象，再以家庭消费为基础数据，进而对小区整体功能的消耗来评价居住功能所带来的自然环境负荷。

3.2.3　生态城市多目标综合评价方法

3.2.3.1　城市 SWOT 分析

SWOT 分析，又称态势分析法，是对某一个单位或研究对象的内部 条 件——优 势（Strength）、劣 势（Weakness）和 外 部 因 素——机 会（Opportunity）和威胁（Threats）加以分析的一种研究方法，其强调分析对象自身实力与竞争对手间的比较，且认为 S、W、O、T 之间在一定的背景条件下互相是有可能发生转化的，因此研究者就可以通过不同发展策略使其结构发生变化，进而优化及改善所研究对象的整体状态。

进行城市 SWOT 分析时，首先需要分析城市所处的各种内外部环境因素，概括其诸如区位、自然资源等优劣势客观情况、国家城市发展的相关政策的机会项目以及本地区相对不足的可能面临的发展威胁内容；然后构造 SWOT 矩阵，并将重要的、迫切的、长远的影响因素放在前面，而把相对次要的、短期的影响因素放在排列的后面；最后制定符合实情的行动计划。其中，为使选择的 SWOT 基本要素更科学客观，需依托德尔菲法等技术确定因素项目，并依据各种因素的重要性和出现频率，赋予一定的权重值，计算出 SWOT 力度，从而为确定战略类型提供基础。

计算 SWOT 影响力度就是针对 SWOT 各要素的分别求和。对于优势和限制来说，某一影响因素的影响力度等于权重值 × 评价分数；对于机遇和挑战来说，某一影响因素的影响力等于出现的概率值 × 评价分数。计算公式为：第 i 个因素的优势力度 S_i= 对应评分数的平均值 × 对应权重值的评价值；第 j 个因素的限制力度 W_j= 对应评分数的平均值 × 对应权重值的评价值；第 k 个因素的机遇力度 O_k= 对应评分数的平均值 × 对应概率的平均值；第 h 个因素的挑战力度 T_h = 对应评分数的平均值 × 对应概率的平均值。依据其进行求和，可以得到：总优势力度：$S = \sum_{i=1}^{n} \dfrac{S_i}{nS}$；总限制力度：$W = \sum_{j=1}^{n} \dfrac{W_j}{nW}$；总机遇力度：$O = \sum_{k=1}^{n} \dfrac{O_k}{nO}$；总挑战力度：$T = \sum_{h=1}^{n} \dfrac{T_h}{nT}$。

此后根据 SWOT 分析与发展策略表（见表 3.17），显然 SWOT 分析可以分为四个表现项目，并提出四种相应"取长补短"的发展策略。

表 3.17 SWOT 分析与发展策略表

SWOT 分析与发展策略	优势 S	劣势 W
机会 O	SO 分析及发展型策略	WO 分析及扭转型策略
威胁 T	ST 分析及规避型策略	WT 分析及防御型策略

以城市 SWOT 分析与发展策略为例，则其中，SO 发展型策略是一种激进的快速富民强市的发展战略措施，它是抓住机遇抢占区域优势提升主导产业核心竞争力的过程；WO 扭转型策略则是一种需充分利用国家及区域新政策等机会进行发展的战略措施，它强调利用国家鼓励政策扶持机遇，完善配套设施，带动城市发展速度、方向的积极完善；ST 规避型策略常是防守意识浓重的一种发展战略，它容易忽视外界环境的压力，弱化了主动性，导致常出现为了解决某单一问题而就此出台单一措施的发展战略现象；WT 防御型策略是一种积极的、推进创新发展模式的发展战略，它是典型的"因穷生变"的发展策略，强调在借鉴其他相关成功经验的基础上，勇于创新。显然在城市 SWOT 分析中，针对每个城市采取何种类型的发展策略必然是因城而异的客观选择的结果。

3.2.3.2 模糊评价法及生态城市评价应用

模糊综合评价法是根据模糊数学的隶属度理论把定性评价转化为定量评价，是对受多种因素影响的事物做出全面评价的一种多因素决策方法，其特点是评价结果是以一个模糊集合（评语集）来表示，而非绝对地肯定或否定的单一值。其在评价时常以最优的评价因素值为基准（如其评价值为 1），则其余欠优的评价因素依据欠优的程度得到响应的评价值，再依据各类评价因素的特征，确定评价值与评价因素值之间的函数关系（即隶属度函数），确定这种函数关系（隶属度函数）的主要方法有 F 统计方法、专家评分法等。

模糊综合评价法的主要应用步骤为：

（1）设定各级评价因素（F）。如研究城市停车规划方案的模糊综合评价时可选择投资成本、道路通行能力、停车供需满足程度等影响指标作为第一级评价影响因素，再依据第一级评价因素的具体情况及需要设定下属的第二、三级评价因素。

（2）确定评价细则。即确定评价值与评价因素值之间的对应关系（函数关系），如上例可利用 MATLAB 等软件，依据模糊相似矩阵和模糊等价矩阵等数据值，必要时还可根据模糊概率选取聚类阈值进行模糊聚类，最终建立多阶城市停车规划模糊综合评价模型。

（3）设定各级评价因素的权重（W）分配值。

（4）对评价因素指标值加权求总后进行综合评价，即如上例对城市停车规划方案进行评价。

具体计算时，相关主要指标解释有：①评价因素（F）为对项目评议的具体内容。且为便于权重分配和评议，可以按评价因素的属性将评价因素分成若干类，把每一类都视为单一评价因素，并称之为第一级评价因素（F_1），第一级评价因素可设置下属的第二级评价因素（F_2），第二级评价因素可设置下属的第三级评价因素（F_3），依此类推。②评价因素值（F_v）为评价因素的具体值。③评价值（E）为评价因素的优劣程度。评价因素最优的评价值为 1（如采用百分制时为 100 分）；欠优的评价因素，依据欠优的程度，其评价值大于或等于零、小于或等于 1（如采用百分制时为 100 分），即 $0 \leqslant E \leqslant 1$（或采用百分制时 $0 \leqslant E \leqslant 100$）。④平均评价值（$E_p$）为评标委员会成员（专家）对某评价因素评价的平均值。平均评价值（E_p）＝全体评标委员会成员的评价值之和 ÷ 评委人数。⑤权重（W）为评价因素的地位和重要程度。且第一级评价因素的权重之和为 1；每一个评价因素的下一级评价因素的权重之和为 1。⑥加权平均评价值（E_{pw}）为加权后的平均评价值。且加权平均评价值（E_{pw}）＝平均评价值（E_p）× 权重（W）。⑦综合评价值（E_z）为同一级评价因素的加权平均评价值（E_{pw}）之和。综合评价值也是对应的上一级评价因素的值，直至获得最高评价指标值。

就生态城市评价而言，马道明等学者就采用了模糊评价模型和德尔菲调查程序，给各生态因子权重赋值后进行了生态城市的文明程度的综合评价，评价方法及过程有鲜明的可操作性、适用性和代表性。其将每个生态子指标分为四级：重建、提升、达标、优良（见表3.18），并对应Ⅰ、Ⅱ、Ⅲ、Ⅳ类分值（见表3.19）。各指标分级标准的确定根据因子性质不同有所差异，硬指标按相关的国家及地方标准、行业准则及规范，并征求多位专家的意见确定，软指标的分级标准常为较差、一般、好、很好。最后将生态城市综合评价得分通过标准化处理后，得出的四个相应等级值并以此为依据进行常州市的综合评价。

表 3.18　生态文明城市指标体系及评价等级表[①]

一级指标名称	二级指标名称	评价等级			
		重建	提升	达标	优良
公平的社会生态	城市生命线完好率（%）	＜50	[50,80)	[80,90)	≥90
	城市化水平（%）	＜30	[30,50)	[50,70)	≥70
	城市气化率（%）	＜60	[60,90)	[90,95)	≥95
	城市集中供热率（%）	＜30	[30,50)	[50,70)	≥70
	恩格尔系数（%）	＜60	[60,40)	[40,30)	≤30
	基尼系数	＞0.5	[0.5,0.4)	[0.4,0.25)	≤0.25
	高等教育入学率（%）	＜20	[20,30)	[30,50)	≥50
	人口预期平均寿命（岁）	＜65	[65,75)	[75,78)	≥78
	环保教育普及率（%）	＜70	[70,85)	[85,90)	≥90
	社会保险普及率（%）	＜60	[60,90)	[90,95)	≥95
	就业率（%）	＜80	[80,95)	[95,97)	≥97
	社会政治状况	不稳定	较稳定	稳定	稳固

① 马道明.生态文明城市构建路径与评价体系研究[J].城市可持续发展，2009(10).

一级指标名称	二级指标名称	评价等级			
		重建	提升	达标	优良
高效的经济生态	人均国内生产总值（万元/人）	＜2	[2,3)	[3,4)	≥4
	年人均财政收入（元/人）	＜3000	[3000,3600)	[3600,4000)	≥4000
	农民年人均纯收入（元/人）	＜6500	[6500,7500)	[7500,8500)	≥8500
	城镇居民年人均可支配收入（万元/人）	＜1.2	[1.2,1.6)	[1.6,2)	≥2
	第三产业占GDP比例（%）	＜40	[40,50)	[50,60)	≥60
	单位GDP能耗（吨标准煤/万元）	＞1.6	[1.6,1.4)	[1.4,1.2)	≤1.2
	单位GDP水耗（m³/万元）	＞170	[170,150)	[150,140)	≤140
	水资源供应水平	不适应	较适应	适应发展	很适应
	能源供应水平	不适应	较适应	适应发展	很适应
	土地供应水平	不适应	较适应	适应发展	很适应
和谐的人居生态	城乡空间形态与自然的结合	不协调	较协调	协调	很协调
	城乡功能布局	不合理	较合理	合理	很合理
	城乡风貌景观	不完整	较完善	完整	很完善
	人居基础设施配置	不完善	较完善	完善	很完善
	城镇人均居住进驻面积（m²/人）	＜20	[20,30)	[30,40)	≥40
	主城区人口密度（人/km²）	＞8000	[8000,7000)	[7000,6000)	≤6000
	建成区绿化覆盖率（%）	＜35	[35,45)	[45,50)	≥50
	每万人拥有公交车辆（标台）	＜7	[7,11)	[11,13)	≥13
健康的环境生态	森林覆盖率（%）	＜30	[30,40)	[40,50)	≥50
	受保护地区占国土面积比例（%）	＜12	[12,17)	[17,20)	≥20
	退化土地恢复治理率（%）	＜70	[70,90)	[90,95)	≥95
	城市空气质量（好于2级标准）（天/年）	＜300	[300,330)	[330,340)	≥340
	城市水功能区水质达标率（%）	＜90	[90,100)	100	100
	SO₂排放强度（kg/万元GDP）	≥7.0	[7.0,5.0)	[5.0,3.0)	≤3.0
	COD排放强度（kg/万元GDP）	≥7.0	[7.0,5.0)	[5.0,3.0)	≤3.0

一级指标名称	二级指标名称	评价等级			
		重建	提升	达标	优良
健康的环境生态	集中式饮用水源水质达标率（%）	< 98	[98,100)	100	100
	城镇生活污水集中处理率（%）	< 50	[50,70)	[70,85)	≥ 85
	噪声达标区覆盖率（%）	< 80	[80,95)	[95,98)	≥ 98
	城镇生活垃圾无害化处理率（%）	< 90	[90,100)	100	100
	工业固体废物处理处置率（%）	< 60	[60,80)	[80,90)	≥ 90
	城镇人均公共绿地面积（m²/人）	< 8	[8,11)	[11,13)	≥ 13
	环境保护投资占 GDP 比例（%）	< 2.0	[2,3.5)	[3.5,5)	≥ 5
畅达的交通生态	交通道路级别与沿线区域发展匹配程度	很不匹配	不匹配	基本匹配	很匹配
	交叉口阻塞率（%）	> 40	[40,20)	[20,0)	0
	主干道平均车速	< 22	[22,28)	[28,31)	≥ 31
	交通安全管理等级	几乎无管理	管理不全面	管理完善	现代化管理
	道路声环境达标率（%）	< 80	[80.90)	[90,95)	≥ 95
	尾气污染状况（%）	< 20	[20,60)	[60,80)	≥ 80
	公交线路设置居民出行方便度	很不方便	不方便	方便	很方便
	主要交通干道公交优先措施实施	少于两项	满足三项或两项	满足四项	满足五项以上
	道路绿化率（%）	< 80	[80.90)	[90,100)	100

表 3.19 生态城市文明度分级标准表

分级标准	I	II	III	IV
	[0,1.8)	[1.8,2.8)	[2.8,3.5)	[3.5,4.5)
城市生态文明等级	生态重建	生态提升	生态达标	生态优良

3.2.3.3 主成分分析法

主成分分析是在数据信息丢失最少的原则下，对高维空间进行数据降维处理（即浓缩主要因子）的一种统计分析方法。其习惯于首先要对原始数据表中的数据进行标准化处理，即：

$$X^*_{ij} = \left(X_{ij} - \overline{X_j}\right) \Big/ S_j \text{，其中} \overline{X_j} = \frac{1}{n}\sum_{i=1}^{n} X_{ij} \text{，} S_j^2 = Var(X_j) \text{，}$$ 此后利用德尔菲法根据变量的重要程度，分别赋以权数得出新的数据列，然后根据协方差矩阵求出主成分列（累计贡献率不低于 85% 的因子），最后用方差贡献率法进行综合评价。

将主成分分析法应用于城市可持续发展指数的获得时，其具体计算城市生态化总指数的过程为：

（1）根据层次分析思路收集和整理相关指标的基础数据，并做标准化处理。

（2）计算相关的系数阵 R（目的是以求出主成分），再求矩阵 R 的特征值和特征向量，并确定主成分的个数；也可借助 SPSS、SAS 等统计分析软件直接对变量进行主成分因子分析，根据设计要求选取累计贡献率达到 85% ～ 90% 以上的公因子。

（3）计算系统值，公式为：$U_i = \sum_{j=1}^{n} V_{ij}W_{ij}$，式中 U_i 为所求系统值，V_{ij} 为 i 系统提取的第 j 个因子与指标的相关系数；W_{ij} 为 i 系统提取的第 j 个因子的贡献率；n 为 i 系统提取因子的总个数。

（4）计算城市生态可持续发展指数，即将构建的多个系统值[①] 进行算术加权求和。

此外，生态城市综合评价还有许多其他方法，如吴琼和王如松[②] 提出的全排列多边形图示指标法，其以扬州市为例所做的评价结果图能够非常简洁直观地给出生态建设的评价结果；联合国可持续发展委员会（UNCSD）建立的"驱动力—状态—响应"（DSR）指标体系及评价模型等。这些方法均在一定程度上，或是结合了某一城市的自身特点，或是有一定的创新性建议，其对生态城市的评价方法而言也是必不可缺的作用补充。

---

① 如假设构建有资源支持系统、经济发展能力系统、社会支持系统、环境支持系统等几个层面的系统数据值。

② 吴琼，王如松. 生态城市指标体系与评价方法 [J]. 生态学报，2005（8）.

第四章 生态城市建设内容及与 产业发展的影响分析

§4.1 生态城市建设的目标、内容与原则

4.1.1 生态城市建设的目标

人类构建生态城市的本质目的就是要实现可持续发展，因此需要搭建一个人与自然、自然与社会、社会与人之间相互和谐共生的地球良性运转系统，进而将城市建设成为人类开发活动是在生态环境承载能力以内的，是健康、舒适宜人的一个和谐的自然生态环境；在充分保护和合理利用自然资源和能源基础上提高资源的再生性及利用效率，保障可持续性生产、消费、流通等的一个高效率性的经济生态环境；是以人为本、自由、平等、公正、稳定，能够满足人类各种精神方面需求的一个文明进步的社会生态环境的综合体系。

4.1.1.1 致力于自然生态环境建设的目标——和谐

构建生态城市不仅是为了给城市居民提供一个良好的生活、工作环境，更是要通过这一过程使城市在一定可接受的人类生存质量的前提下得以可持续的良性发展。因此其经济、社会系统中的各要素均需要控制在环境承载力允许的范围之内，如人口的增殖要与自然生态系统承载力相适应，抑制区域内过猛的人口增长对环境负荷的压力；土地的利用类型、利用强度要与区

域环境条件相适应，构建城区建设体系平衡的山水、公园、楼宇、道路、桥梁等生态系统，人工环境与自然环境有机结合，降低生态破坏、人地矛盾等重点环境问题，有完善的、动态的生态调控管理与决策系统，形成安全、舒适、祥和的城市生活及生产环境。

4.1.1.2 致力于经济生态环境建设的目标——效率

生态城市建设的过程是以区域资源条件为基础，依据生态优先原则，建成符合社会、经济与生态协调运作的发展模式。其中，对环境无害的、健康的地方经济基础是生态城市建设的动力与活力，故构建生态城市即是要应用生态学原理来规划布局、科学管理城市建设，努力将城市建设为城市结构合理、功能协调、基础设施完善、自然资源与能源高效利用、物质、能量循环率高、产业发展潜力巨大的重品质、重效率的可持续性城市，并在着力解决污染物排放、水环境治理等问题基础上实现较大比重的循环型清洁生产、低碳型消费等经济发展模式。

4.1.1.3 致力于社会生态环境建设的目标——进步

培育传统文化与现代文明相融合的生态文明体系是构建城市社会生态环境的灵魂，构建生态城市就是要在保护和继承文化遗产及尊重居民的各种文化生活特性的理念下，建成有完善的社会文化基础设施、居民身心健康、民众有自觉生态意识和环境道德观念的城市社会体系。且在该城市社会体系内全部居民都能够获得公平、公正的人权、环境权等政治权利，进而确保环境立法、文化保护规则等得以有效实施，并实现民众积极参与住房及社区管理、节水节电管理、公共设施规划及管理等有关民生问题的决策与管理进程中，从而为城市生态系统质量的提高和进步提供源源不断的社会推力，并最终促进生态城市特色风貌的形成与城市整体上的可持续发展。

4.1.2 生态城市建设的内容

对于生态城市建设的内容与项目，各国政府、相关机构、学者等出于生态修复、城市发展、政府职能等多个原因及目的出发均有所表述，尽管目的不尽相同，但对主要建设项目及重点的认识大体一致，也形成了具有一定权威性的概括性文件与报告等。

权威成果有第五届国际生态城市大会 2002 年在中国深圳举行期间，与会代表就共同倡议运用生态工程技术设计城市，开展各有关受益者集团共同参加的城市生态规划和管理，采用整体论的系统方法，建设自然、三大产业和人居环境有机结合的，人们对环境、经济、文化、社会权利等需求和愿望能够得到满足的，一个和谐可持续性的城市。于是提出在建设生态城市时"必然包含生态安全、生态卫生、生态产业代谢、生态景观整合、生态意识培养五个层面的内容；其中，生态安全代表着要向所有城乡居民提供出生活所需的洁净空气、安全的水与食物、合理就业机会、适宜住房、全面的市政服务设施以及避灾抗险措施；生态景观整合是通过对城市居民工作、学习、生活环境，以及开放的公园、广场、街道桥梁等空间进行搭建连接点，实现在能源、资源节约、交通事故和空气污染减少的前提下，又能够给所有城乡居民提供便利的城市交通网络，进而减少热岛效应和对全球气候等环境恶化的影响；生态卫生是强调要借助科学技术以高效率、低成本的生态工程手段，对城市生活污水、排泄物和垃圾进行处理和适当再生利用；生态产业代谢是指要促进产业的生态转型，即通过强化资源的再利用、可更新能源的开发、产品的生命周期设计等方式在保护资源与生态环境的同时，又能满足城乡居民的高品质生活需求；生态意识培养是要确立城乡居民能够认识到人类在与自然关系中所处的位置以及相应的环境责任，在尊重和发展地方历史文化的同时，引导人们改变传统消费方式中的非生态环保行为，采取生态消费行为，进而促进城市生态系统的高品质运行与发展。"①

本研究根据生态城市建设目标的对应性，仍将生态城市建设内容划分为自然环境生态建设、经济发展生态建设、社会文明生态建设三个层面加以展开，并列举各层面中部分相对重要的及一些较为详细的建设内容及任务。

---

① 2002 年 8 月 23 日第五届国际生态城市大会通过的《生态城市建设的深圳宣言》中节选与整理。

4.1.2.1 自然环境生态建设的主要内容

①开展生态恢复，降低地域环境负荷，恢复被破坏的湿地、动植物栖息地等自然环境，保障水文、地质、物种等的生态多样性，实现生态的净化、绿化、活化和美化。

②改善城市生命保障系统，包括水环境、大气环境、土地环境等系统，加强城市园林绿化建设。如科学管理城市土地最佳利用功能发展战略，保持其物质还原、降解、净化能力。在完善城市供排水系统的同时，发展节水灌溉技术、中水利用技术等措施节约利用水资源，保护水质。

③提高污染处理系统能力，并将城市废弃物保证限制在本地区及全球废物池 ① 的可接受范围内。

④建设城市生态防护圈和生态走廊，营造良好的生态防护体系。如建设路网生态防护林带与沿河沿路的生态绿化走廊，建设居住区绿色主题公园，在发挥保护基本农田、防沙防尘等作用的同时，营造出城市的生态绿肺、生态脉络、生态走廊和生态保护圈。

4.1.2.2 经济发展生态建设的主要内容

①调整城市食物供应系统结构，以食物生产和消费的本地化降低运输中的能源占用。

②搭建城市绿色能源系统。做到最低限度地使用或消耗不可再生资源，大力开发利用可再生资源和能源，如将工业、商业、交通、建筑物等中消耗的矿物燃料减少到最低限度，并在可能的条件下以风能、太阳能等可再生资源代替。如屋顶花园、墙面垂直绿化都是利用太阳能的方式，且合理的建筑布局也能增加日照利用程度。

③提高资源循环利用效率，减少污染。如在城市区域内建立高效和谐的能源、物流供应网，实现物流的"闭路再循环"，重新确定"废物"的价值，

---

① 全球废物池包括可再生废物池（如河流分解可生物降解废物的能力）和非再生废物池（如持久性化学物品，包括温室气体、破坏同温层臭氧的化学物质和多种杀虫剂等）。

降低产生的污染量。尽量以减少使用、再利用、再循环使用和回收等形式使用稀少矿产资源。

④加强生态产业体系建设，围绕资源充分利用效率扩展产业链，完成产业生态耦合关系的修整（横向耦合、纵向闭合、区域协和与社会整合）。生态经济系统是多种产业结构的高效集成，其中生态产业拥有较大比重与规模，也具有强大的自我创新和复合平衡能力。建设生态化产业主要表现为强化安全优质农产品深加工、生态建材、微生物及生物医药、信息工程、软件开发、人才培训、生态旅游、科研基地等产业项目的创新与发展。

⑤对企业的生态建设项目、生态改造项目提供有力的经济激励手段，反之给予约束措施。如制定有关优惠政策以鼓励对生态项目建设的投资，而对排放温室气体、工业废水、废气等其他污染物的行为征税。

4.1.2.3 社会文明生态建设的主要内容

①所有居民有适宜的住房及居住区。在"以人为本"的前提下，建设以环保建筑、节能建材、绿色交通等为基础的生态居住区。如以当前最科学和最前沿的"生成整体论"[①] 的哲学思想为基础，并依托包括机非分离、P&R模式、TOD模式、机动车车速渐变体系等概念的绿色交通理念共同搭建"生态社区"的管理模式。

②保护非物质文化及历史遗产。城市中的历史街区、自然文化风景区等资产是不可替代的，它们为人们提供了亲近自然、文化娱乐和传承历史等条件。

③合理控制城市人口规模，适度降低人口密度，提高人口素质。保障城市内具有符合人类发展需要的合理人口规模及结构，实现人口规模与资源供求之间保持平衡。

④保障社会组织和谐安全，公共服务设施完善，社会具有包容性和凝聚力。

⑤城市规划以人而不是以车为本。街道是为人而不是为车设计，居民可

---

① 生成整体论即每一个构成系统整体的局部，都包含了整体的特性，局部是整体的表现。

步行、骑自行车或乘公共交通轻松抵达经常性的目的地。城市交通体系以安全步行和非机动交通为主，并辅助有高效、便捷和低成本的公共交通。

⑥推动公众关心并参与公共决策的过程。如鼓励社区群众积极参与生态城市设计、管理和生态恢复工作，增强生态意识。

⑦社会要公平对待进入城市的各阶层民众，并为后代生存着想。

⑧在市级政府中设置负责政府各部门间（如交通、能源、水和土地管理部门等）管理职能的协调和监控，推动相关项目和计划的实施的生态城市建设和管理的专门机构，并制定和实施生态城市建设的相关政策。

⑨重视城市间、区域间的合作。在一定程度上，城市是区域的核心，区域是城市的基础，两者间不断地在进行着物质、能量、信息的交换，相互依存，分工协作，协调发展，共同促进。

4.1.3 构建生态城市的基本原则

为了构建生态城市，从而保障城市化进程中人类与自然环境的和谐共生，以及真正实现城市生态、经济、社会的全面可持续发展，各国学者、政府、相关机构组织等曾纷纷提出在建设生态城市过程中必须把握的一些基本原则，也形成了一部分具有指导意义的重要观点和见解。

例如联合国教科文组织在"人与生物圈"计划中就提出"生态城市是由自然地理层、社会功能层和文化意识层三个层次内容构成的，所以在城市建设规划中需要符合生态环保、人与自然融洽、基础设施完善、居民高品质生存、传承历史文化等基本要求与原则"。

美国生态学者查德·雷吉斯特（1984）在其著作中提出"建立生态城市的原则有：就近出行、物种多样性、小规模地集中化、生态城市设计等原则"。进而强调"生命、美丽、公平"是生态城市的基本准则。

澳大利亚生态城市学会（1997）提出过12项"生态圈设计原则"及生态城市发展原则（含生态修复、土地承载力平衡、能源战略、健康社区等）。

美国"城市生态组织"（1996）也提出了建立生态城市的10项原则（含修改土地利用权、提倡回收技术、安全居住区、社会公正性等）。

王如松（1994）还以中国文化为背景提出了建设"天城合一"的中国生

态城思想，认为生态城市的建设要满足：①人类生态学的满意原则（包括满足人的生理需求和心理需求、满足现实需求和未来需求、满足人类自身进化的需要）；②经济生态学的高效原则（包括资源的有效利用、最小人工维护原则、时空生态位的重叠作用、社会—经济—环境效益最优化）；③自然生态学的和谐原则（包括共生原则、自净原则、持续原则）等。

综上所述，可以看出构建生态城市需要遵循自然的"生存法则"、人类活动的"经济理性"和人类道德的"社会公理"等多角度的协调，才能实现"合情、合理、合法"的、真正"有效、和谐、进步"的生态城市建设。其中，合情是能够为人们的行为观念和习俗所普遍接受；合理是要符合一般的生态学、经济学规律；合法是要求符合国家及国际法令、法规、惯例等。由此，本研究从"效率、和谐、进步"的生态城市建设目标的角度全面概括生态建设的基本原则。

4.1.3.1 实现生态城市和谐目标的建设原则

①和谐共生原则。即最大限度保护物种的多样性、生态环境的自然风貌，实现人与其他生物、环境间的共生共存。协调人口的增长与生态系统潜力间的关系，做到人口、资源、环境的高度融合。

②"风水"原则。即要使人类生存空间设计与自然地形、气候等相适应，做到"天蓝气畅，山清水秀"，到处都有起伏的地形、多样的动植物、流动的风水和多样化的人工建筑物。

③可持续原则。即人类的城市开发活动中采取生态化手段，减少对大气质量、水土环境和其他自然因素造成影响和破坏的程度，保障自然生态环境系统能够实现可持续性的运行，避免世界范围内部分物种、自然景观等因为生存地较少、气候变化、人为破坏行为等原因而从世界上永久性消失。

4.1.3.2 实现生态城市效率目标的建设原则

①整体有序的原则。即要做好生态城市的规划设计、住区设计、产业设计、景观设计等系统化设计，形成相互衔接、相互促进的经济、社会、环境协调发展的良好状态，进而实现从当地社会经济发展基础条件出发，明确城市的功能定位，走特色经济发展的模式。

②合理的生态位布局原则。即要实现在优美环境中提高人们生活水平与质量，如利用城市特殊区域的时空生态位的重叠作用，具体措施有建设屋顶花园和墙面绿化、夜间局部行车道封闭转为居民文化娱乐生活的场所等。

③资源有效、循环利用原则。即在自然生态系统的承载力以及环境容量作为社会经济发展基准的条件下，积极开发和推广生态的先进适用技术，增强创新能力，发展循环经济、低碳经济和生态环保产业等以实现提高资源的再生和综合利用水平，最大限度减少人类活动对自然环境的消极影响，形成资源集约高效利用型的社会生产模式、消费模式、流通模式。

4.1.3.3 实现生态城市进步目标的建设原则

①精神需求满足原则。即要满足人类生活中文化及精神上的各种需求，如安全、私密、舒适、卫生、运动、交际、审美等生理和心理的要求。

②生态文明进步原则。即推崇生态哲学与价值观、生态伦理和生态意识文化，价值取向由"人定胜天"转向"天人合一"，在保护人类生存环境的理念下，满足人类今世、后代的物质、精神、文化生存与发展的需要。

③社会公平、公正、安全原则。即以人为本，公众参与，建立自觉保护环境和公正、平等的社会发展机制。

④文化原则。充分考虑不同城市的历史脉络、文化特点、地域风俗，并将其融入生态绿化建设之中，使其向着充满人文内涵品位的方向发展。实现把生态城市建设为在自然传承基础上的，城市文脉、城市景观演化为重要的可持续发展的景观、建筑等城市独特文化、风貌资源。

总之，生态城建设的最终目的就是要依据上述生态建设内容、原则加以协调城市发展过程中自然、经济、文化等层面的各种相互关系，在提高综合生态系统的自我调节能力的基础上，借助各种技术、法规和思想等手段去实现因地制宜的城市可持续发展，而这些技术、手段等内容多数又都离不开产业发展的支持，于是在一定程度上生态城市建设也是合理安排产业发展的过程。

§4.2 生态城市建设的主要模式及借鉴

4.2.1 生态城市建设的一般步骤：目标定位、规划和实施

生态城市建设实践和推广进程一般是由"目标""规划"和"实施"三个相互衔接的要素组成，其中目标定位是第一位的，其次是要进行城市规划，第三是要有相对具体、可行的实施办法。

（1）"目标定位"就指要首先明确一个生态城市或区域建设所要达到的程度和水准，即提出是"要什么样的"生态城市的建设问题。

（2）每一个在建生态城市都有细致、完善的"生态城市规划"，即要指出"怎么做"的内容。于是规划内容常常包括诸如：①编制覆盖整个地区的交通规划，把步行、自行车、使用公共交通的出行比例作为整体的重点发展目标。②土地利用方面，要求生态城市尽可能实现综合商务和居住的混合功能。即在没有噪音、污水、空气等污染的条件下，各种产业与居住功能应该在空间上进行混合。而在服务设施上要建立生态社区，能够为居民提供健康、愉快的生活基础设施。③在绿色基础设施方面，要求生态城市的绿色空间不低于总面积的一定百分比（如 40%）。④在水电资源的利用方面，要求生态城市在节水节电方面具备科学、合理的政策措施及计划安排。⑤就生态文明而言，设计自下而上的民众低碳生活新风尚的培育项目等各方面、各角度的建设要求。

（3）"实施"是对"生态规划"加以实践的过程，即完成"具体做什么"的任务，其需要全面协调、共同配合的阶段性、渐进性完成。如以强化循环经济发展生态城市为例，其实施过程就需要首先减少进入生产、消费、流通体系的物质消耗量，再通过售后技术服务等延长产品寿命提高使用效率，并通过人为或自然净化等手段来将废弃物重新变成资源后再次循环利用。这个实施过程涉及了将工业废料或半成品用于农业生产、把净化后的城市废水用于灌溉等将工业、农业、消费连成大循环圈的每一个主体、每一项目细节等。

4.2.2　生态城市建设的主要模式

对于不同历史条件、不同经济及社会特征、不同发展阶段的各个城市，其生态城市建设的模式也必然不尽相同，应该从实际情况出发，发挥城市建设的自身优势，弥补不足。本研究从国际生态城市实践道路出发，借鉴及归纳了部分生态城市建设的发展过程及表现模式。

4.2.2.1　规划先行调控型模式

在城市建设过程，应用生态学原理，依托城市整体规划、土地利用和交通运输体系规划等宏观调控基础，制定明确的生态城市建设目标、原则，并指导和落实到城市生态化建设的具体措施上。规划先行模式不仅是现代城市建设的一般规律，也是国内外许多成功生态城市建设的基本经验之一。

如巴西的库里蒂巴由于良好的城市规划、土地利用和公共交通一体化等方面取得的显著成就被世界卫生组织等机构称赞，1990 年还被联合国命名为"城市生态规划样板"。日本的千叶新城从规划开始就以建立生态型城市为目标，采取原生态与网络化结合的开发模式，生态化建设成果显著。可见，注重城市发展的总体规划的制定，对城市建设进行长远规划设计，并明确其目标的可操作性对生态城市建设具有重要的指导意义，是城市建设的一种理想模式。

4.2.2.2　设计审查型模式

由于区划控制相对缺乏灵活性，而城市设计控制能够较有效地控制城市形象、环境质量等因素，以弥补区划控制的不足，因此，在建设生态城市时，以设计导则为依据，以区划法为依托的设计审查制度项下的控制政策的应用就成为一种新思路、新模式。

如美国波特兰大市就是较早推行设计审查制度的生态城市，其审查覆盖区域包括规划区、设计叠加区、主要街道节点区、历史资源保护区等，并在技术专家、政府人员、各方利益代表共同参与下组建审查委员会，最终推动城市环境质量改善、经济发展，向生态型城市演进。

4.2.2.3 污染治理模式

继工业革命使欧洲城市出现严重环境问题后，其他各国也在工业化社会经济高度发展的同时城市环境逐渐恶化，导致全球范围内城市环境污染问题日益严重，危及各国城市居民以及全人类的健康和生存发展。由此，形成了针对各个城市发展中普遍存在的环境恶化表现现状，从治理污染、维护城市居民健康、改善城市人居环境等角度出发，对以"世界七大公害"——地基下沉、震动、大气污染、土壤退化、水质污浊、噪音、恶臭为对象进行环境治理就成为生态城市建设及改造的最重要环节，德国的弗莱堡生态市就是一个针对城市环境污染进行生态城市建设及改造的典型案例。

弗莱堡市依据交通污染占到了大气污染的 80% 的调查结果，在大气环境保护项目中鼓励采用自行车出行，在市区增建自行车停车场和出租点，提高自行车交通在城市交通中的比重；同时加强城市与周边地区公共交通系统的建设，并建成了与整个周边地区融为一体的公交换乘网络，鼓励市民在所有公交换乘地点换乘城市公共交通，以减少私人汽车的出行，进而降低空气污染。此外，还大力推广节能建筑、广泛应用高技术节能设备，并注重城市空间绿化，使得该市成为德国的"环保首都"。

4.2.2.4 环境美化型模式

结合都市生活便利性与乡村环境优美性是霍华德所追求的理想的城市，其体现了人们对与大自然融合、恢复"美丽"的良好生态环境的愿望，更是生态城市建设的目标。环境优美、生活富裕、社会和谐的"花园城市"堪培拉是世界公认的最适宜居住的城市之一，也是环境美化型模式生态城市建设的杰出代表。此外，莫斯科——空气最好的花园城市、华盛顿——高楼大厦林立的花园城市、芝加哥的城市公园体系项目等城市建设都对改善城市生态环境、提升环境品位、美化城市形象等生态城市建设内容具有积极推动意义。这些生态城市的城市规划中大多都专门有"绿色、蓝色规划"，即要确保城市拥有绿色和清洁的环境，充分利用水体和绿地提高居民的生活质量。设计了很多的公园和开放空间，并将各公园用绿色走廊相贯通，实现在城市里以植物弱化钢筋混凝构架以及玻璃幕墙僵硬的线条，让人们在走出办公室或学校等楼宇之时，还能感到自己身处于一个花园式的城市中。

4.2.2.5 循环发展型模式

循环发展型城市的建设是将循环经济模式贯穿和渗透在城市发展的基础设施、产业结构、生产及流通过程、居民生活以及生态保护各个方面，其建立在对城市功能加以生态化的合理定位以及高效率的充分利用资源和大量应用高科技的基础之上，是国际新形势下充分体现城市生态化新发展思路的一种可行的重要发展模式。

如日本的北九州市曾提出了"从某种产业产生的废弃物为别的产业所利用，地区整体的废弃物排放为零"的生态城市建设构想，并实现了包括家电、废玻璃、废塑料等回收再利用的综合环境产业区建设，鼓励环境新技术的开发，并对所开发的技术进行实践，以减少垃圾、废弃物的产生，最终实现循环型生态社会经济的构建。再如曾经在全球率先执行《21 世纪议程》有关决议的德国的埃尔兰根市，其就是通过积极地大量采取多种节能、节地、节水及循环利用的技术，在重视生态系统修复的基础上发展循环经济，进而成为德国"生态城市"建设中的"先锋市"。

4.2.2.6 功能转化模式

依托资源开发而兴建或发展起来的资源型城市，其发展历程常常要经历"建设—繁荣—衰退—转型—振兴或消亡"的过程。因此，通过改造传统产业，发展替代产业、接续产业以及实施环境治理和企业转制等生态城市建设变革措施，改变其原有经济格局，进行资源枯竭型城市功能转型是其发展的新思路和可行出路。

如法国历史上以煤铁矿资源丰富而著称的重化工基地——洛林市的成功城市转型。鉴于城市资源、生态环境和工业技术条件等等快速变化以及欧洲整个外部市场带来的竞争压力，自 20 世纪 70 年代以来，洛林市就逐步实施了"工业转型"的生态发展战略：即彻底关闭了大量煤铁矿、炼钢厂等物资成本高、能耗消耗大、环境污染严重的相关企业，重新选择了核电、激光、电子、生物制药、环保机械和汽车制造等高新技术产业，并提高钢铁、化工、机械等产业的技术含量以及附加值，历经 30 年使洛林由衰退走向新生，变成了"蓝天绿地""鸟语花香"的环境优美的工业新区。

4.2.2.7 社区驱动发展模式（CDD）

"社区驱动"的发展思想来源于城市社区控制管理理论，其强调可以通过社区规划设计、布局建设、管理维护等全过程均由社区全民参与，形成充满活力的社区开放式的自助型发展新模式。其重视社区与私营及公共部门之间的联系，特别是强调地方政府在提供生态城市建设服务上的作用与能力。可以说，社区驱动模式为资源管理、环境治理等问题提供了一个新的平台，形成了有效的监督和推动作用。

如以澳大利亚阿德莱德（1997年）为代表的一些城市就在其城市生态化建设中就提出了"要以社区为主导"的城市生态开发模式，该开发模式采取了众多鼓励全市各个社区居民积极参与社区及城市生态开发相关项目的多种措施，如发展广泛多样的社会及社区活动，提倡社区文化多样性，并将生态意识渗透到每个生态社区建设、维护的各个层面，强化对城市居民的生态教育和培训等，为其生态城市建设提供了良好的基础。再如新西兰的维塔克提出"生态城市建设的成功最终是要依靠社区居民来实现的"。于是，其在生态城市蓝图中明确阐述了市议会和地方社区为实现该目标所需采取的具体行动，以及市议会对生态城市建设的责任和步骤要求。

4.2.2.8 城乡结合型模式

城乡也是一个复合的生态系统，国外很多城市在其规划建设时已打破这一行政界限。事实证明，城乡间及周围乡村间都以城市为节点进行着物质、能量、信息的交换，实现着部分产品、资源、废弃物的相互传递与消纳吸收，搭建出更广泛的运转平台，进而构建了承载能力、再生能力更强的良性循环体系，为生态城市的创建及发展提供了丰富的机会和条件。如新加坡市就是将农田、森林、池塘等乡间景观揉入到"田园城市"建设中，达到"生态城市"的人工环境与自然环境相融合的建设过程。而在生态城市倡导者之一雷吉斯特的领导下，"城市生态"组织于1975年就开始在美国西海岸的伯克利进行实践，目前其已成为一座典型的亦城亦乡的生态型城市。

4.2.2.9 公交引导城市发展模式（TOD）

在"低碳革命"日益被重视的背景下，公交引导城市发展成为生态城市可持续发展的一种选择模式。其首先将公共交通系统与土地利用结合起来，再整合能源利用结构，实现清洁能源利用程度提高，进而降低碳排放改善环境质量、提高生活品质等问题。其发展模式是一个以点带面的过程，是从交通行为到生态理念的升华。如欧洲人均收入很高的丹麦的哥本哈根市的人均汽车拥有率却极低，当地居民出行主要借助便利、环保的公共交通、步行、自行车完成。且在科学合理的城市规划下，还避免了汽车在道路上的拥堵及时间占用，以此带动了城市生态化建设，成为世界著名的生态城市之一。

总之，在生态城市建设模式方面，国内外各城市依据自身特点，可选择其中之一或之二、三等为参考，灵活运用走特色建设之路。在我国，如深圳等新建城市显然需以生态理念贯穿于其城市整体发展规划中，参考规划调控型的发展模式；如杭州、大连等有历史、美景铺垫的城市自然而然会以环境美化型生态城市建设为思路设置、布局；如抚顺、大庆等资源型城市鉴于都面临着污染治理问题，其生态城市建设就需参考功能转化型生态城市建设的措施与经验；如南京、西安等大型城市在生态化建设时必然要借鉴循环发展型生态城市建设的思路和策略。

4.2.3 生态城市建设国内外实践比较与借鉴

4.2.3.1 国内外生态城市建设实践成果

生态城市建设在国外一些发达国家起步相对较早，目前美国、巴西、澳大利亚、新西兰以及欧盟等国家的部分城市都较为成功地进行了生态城市建设项目。如目前在全球公认的有"真正生态城市"美誉的德国弗莱堡市，其以适用的法规体系建设为起点，在城市管理者强烈的生态意识及表率行为的氛围下，聚集了大量生态先锋性的研究机构，依托绿色产业经济发展模式，实现了保护城市资源及污染物减量化处理，成为生产、消费、交通等绿色化的园林生态城市。

澳大利亚的阿德莱德在该市的"影子规划"中通过 6 幅规划图阐述了该

市从1836—2136年长达300年的生态城市建设发展规划，明确了生态城市建设的阶段性目标，也为提出具体的建设措施奠定了基础。

美国的克利夫兰市为了使之成为一个大湖沿岸的绿色城市，市政府制定了12项明确的生态城市议题，其中提出的"精明增长"议题就是强调要用足城市存量空间，强化现有社区的更新，减少盲目扩张；生活和就业单位尽量拉近距离，减少能源消耗及碳排放量；保护空地以及土地混合使用等。如今克利夫兰市内绿地面积规模庞大，且公园面积占市区面积1/3以上，有"森林生态城市"之称。

我国较早、较系统地探索生态市建设是在"六五"期间的北京将城市生态系统研究列入了国家攻关课题，1987年10月还在北京召开了"城市与城市生态研究及在城市规划和发展中的应用国际讨论会"，为国内生态城市建设实践研究提供了交流经验的平台。同期上海市也进行了城乡环境保护和生态设计研究，并对个别特定区域进行了生态设计，特别是王荣祥结合上海本地情况设计了上海市生态环境建设指标体系。此后，江苏江阴市、常熟市等纷纷实施生态保护战略，探索生态城市的建设项目和机制。由此，国家环境保护总局也逐步展开了在全国部分省、市、区进行"生态示范区"的试点项目。截止到2008年国家级生态示范区从第一批至第五批共计有320个，国家级生态市6个[①]，国家生态区2个，生态县3个。

总之，国内外生态城市在实践建设过程中均获得了一定的成功经验及建设成果（见表4.1），为此后城市可持续发展提供了良好的参考依据和实践素材。

表4.1 国内外部分生态城市建设典型措施及其取得的成果

城市名称	生态城市建设的重点措施	已取得的主要成果
哈里法克斯（澳大利亚）	明确提出"社区驱动"的生态开发建设模式	澳大利亚的第一例生态城市规划
库里蒂（巴西）	采取可持续发展的城市规划，并提倡公交导向式的交通系统革新与垃圾循环回收项目以及能源保护项目	荣获国际大奖，并以可持续发展的城市规划典范称谓而享誉全球

① 江苏省张家港市、常熟市、昆山市、江阴市、太仓市、山东省荣成市。

城市名称	生态城市建设的重点措施	已取得的主要成果
埃明根 （德国）	率先执行"21 世纪议程"相关决议，大量采取多种节地、节能、节水措施，在修复生态系统的同时强调综合生态规划	成为德国"生态城市"的先锋城市
柏林（德国） 马德里（西班牙）	推广城市空间和建筑物表面用绿色植被覆盖、雨水就地渗入地下；倡导使用建筑节能技术和材料以及使用可循环材料等	改变了城市生态系统状况
芝加哥（美国）	大规模推行"屋顶绿化"，采取储存太阳能以及过滤雨水等举措，实施促进氢气燃料、风力发电等新能源政策	节约政府能源开支，全美第一座安装氢气燃料站的城市
珠海市（中国）	提出了"以人为本""环境优先"的城市规划指导方针，遵循生态化标准的城市基础设施建设要求，特别是对城市建设绿化率的控制	1998 年联合国人居中心授予珠海市政府"国际改善人居环境最佳行动奖"
大理市（中国）	突出发展旅游城市的特色，积极推动建设人与环境、自然和谐发展的生态旅游城市之路	成为真正意义上的生态旅游城市

4.2.3.2 国内外生态城市建设的异同比较

（1）国内外生态城市建设的相似之处

①重视城市的生态规划。科学合理的生态城市规划能够为城市可持续发展提供系统的、前瞻性的指导，也是生态城市建设成功的重要前提和保障。巴西著名库里蒂巴市和澳大利亚阿德莱德市是生态城市规划编制与实施较成功的典型城市。近年我国北京、上海、杭州、无锡、南京、扬州、常州、厦门、宁波、贵阳、苏州、深圳等 40 余个大中型城市均提出了各自的生态城市规划，并取得了一定成效。

②强调城市绿化问题。国外自霍华德的花园城市开始，此后所有的生态城市在建设实践中都会提到增加绿化面积。我国生态城市的早期萌芽——山水园林生态城市、森林生态城市也都强调提高城市的绿地覆盖率。鉴于城市绿化程度高具有调节生态系统和美化环境、陶冶精神等功能，所以多数城市也将其作为生态城市建设目标及评价指标（如绿地覆盖率指标）。

③重视能源利用效率和环境污染的关联性。传统粗放型的城市工业化快速发展，虽然带来了经济效益，但也造成了严重的环境污染、资源耗竭等各

方面的遗留问题，因此国内外的生态城市建设过程中，都把资源节约、环境友好的循环经济及低碳经济作为城市建设的重要手段，并正在逐步完善科学的循环型、低碳型的生产、流通、消费的发展模式。

（2）国内外生态城市建设的部分差异及借鉴点

①城市空间结构集约型建设的认知程度不同。目前很多国外生态城市建设者都已经认识到了传统的"无序"扩张、"摊大饼"式的城市发展不仅导致了较高的环境成本、经济成本、社会成本，也导致了稀缺土地、水等资源的浪费，因而提倡"高密度、组团型"的生态城市圈的发展模式，其中也有新加坡等为代表的城市乡村模式的集约型城市建设成为生态城市空间发展的典范。国内现阶段对大城市的快速蔓延、空间组织结构松散的危害还没有充分重视，出现了大量"城中村"遗留问题，造成了区域内环境恶化、交通不畅、土地利用效率低下等问题，因此需强化包含产业布局在内的地理空间设计，提高城市空间结构的集约化。

②公众参与程度有较大差异。国外公众参与是生态城市的生态社区设计中一个重要的环节，也形成了一系列行之有效的制度及保障措施，成为构建"生态宜居的理想家园"的社会基础。国内的生态城市建设一般都缺少可操作性的、实质性的公众参与激励机制和措施，致使生态城市规划实际上主要成为政府部门意志的单方面体现，广大公众参与积极性不高。

③支撑科技的经济、人才、制度等能力不同。生态城市建设要真正实现自然、社会、经济复合生态系统的和谐，必须借助强大的科技作为后盾。为使生态城市建设获得成功，国外许多城市都重视生态适应技术的研制和推广，如德国、以色列等国家的城市就非常重视生态适应技术的研究和实践应用，美国、澳大利亚等还非常重视生态农业、生态工业等专业人才的培养。我国由于科学研究经费投入不足以及激励体制不完善等原因，使得生态城市建设中的环境治理、能源替代、水安全等问题缺乏经济可行的科技支撑及相关推广，成为制约国内生态城市发展速度与质量的瓶颈，也导致生态产业发展缓慢。

④对城市交通发展的公交导向重视程度不同。在生态城市构建模式中以公共交通引导城市发展的模式被认为是比较科学的生态城市发展模式。如丹麦的哥本哈根成功建立的方便快捷的城市交通系统及产业链条就缓解了经济

成本效益与社会公共交通需求间的矛盾，并利用轨道交通系统构造了放射型及生态化的城市发展成果。我国近年来虽然很多城市也提出大力发展公共交通，但由于站点设置、人员密度、等候间隔等实际问题的存在，导致小汽车增速过快，为解决交通拥堵不得不一再拓宽道路，造成土地资源的严重浪费、城市效率低下等问题，且大量增加的汽车存量还带来了严重的城市大气污染，因此在城市交通中推动环保型交通方式成为目前生态城市建设的重要内容之一。

§4.3　产业发展对生态城市建设的影响分析

在致力于实现和谐的自然生态、高效率的经济生态、进步的社会生态的生态城市建设的目标过程中，本研究从自然环境生态、经济发展生态、社会文明生态三个层面的主要建设内容及任务进行了对生态城市建设内容的展开和认识。从上述生态城市建设的内容分析上看，显然不管是哪个层次的生态城市建设内容，在实践中大多数的建设内容都与产业的发展有着直接或间接的相互影响作用，且在生态城市建设模式的应用过程中，也同样从产业规划、产业布局、主导产业选择等方面实践证明了产业发展对于生态城市建设的贡献性，如上述循环发展型模式、公交引导城市发展模式等。特别是从城市经济系统来看，生态城市极其重视经济增长的质量，于是生态城市必须要有合理的生产布局、能源结构和产业结构等支撑。由此，可以看出产业发展对于实现生态城市的构建具有决定性影响作用，也是其重要的建设路径，因此在讨论生态城市建设时必然需要着力对产业问题加以分析以及综合性的深入研究。

4.3.1　产业发展内涵与经济学分析

4.3.1.1　对产业发展的认识

首先从"产业"的定义来说，一般而言"产业"是一定区域内（如一国或一个地区）生产同类或同一产品（包括服务）的所有企业的集合。同时由于实践中其代表着生产同一产品（或服务）的企业在同一市场中销售的现象，所以在产业经济学中所指的"产业"与"行业"或"市场"也为同义词，且其包括的不仅是"工业""商业"或其他某个行业，而是国民经济中的各行各业。于是，日常我们习惯上把所有创造和满足人类经济需要的物质及非物质生产的各种经济活动并提供产品和服务的行业统称为产业，具体包括了农业、工业、建筑业、运输业、服务业、信息产业等等众多行业。

产业发展是产业经济学的主题，包括产业结构、产业组织、产业政策、产业布局四大块内容，且其发展有着量的扩张和质的提高两个都不可或缺的层面，但在不同时期侧重点可以是有所不同的。因此，为了保障良好的产业发展态势，就需要根据时期背景要求，对产业结构、产业组织、产业布局加以调整与优化升级。而根据党的十五届五中全会提出的"十五"计划以结构调整为主线的思路，目前我国产业发展和整个经济发展趋势都在逐步从以量的扩张为主转移到以质的提高为主的层面，即强调产业结构的优化升级问题。

城市的产业发展状况同样在表现出城市的性质以及城市的基本活动方向、形式及空间分布状态等内容的同时，其发展趋势更是决定着城市未来的发展道路，因此构建生态城市必然需要产业发展的各个组成部分的支持和推动，甚至可以说三次产业发展趋势及高新技术产业发展速度等产业动态是保障生态城市建设的首要物质基础。

4.3.1.2 产业分析的主要内容及一般方法

一般来说，产业发展的经济分析常包括以下几个方面的内容：①市场结构分析。根据 SCP 理论，一定的市场结构会导致一定的产业组织行为，而一定的产业组织行为必然决定着行业的绩效，于是行业间发展能力的差别就被表现出来了。而根据行业发展的一般规律，市场自由竞争的结果会导致大部分行业集中度的提高，但不同行业的集中化程度又是有差异的，因此需要有目的地进行产业结构的调整。②产业组织分析。最常用的是产业组

织形式 ① 的分析方法，一般来说，落后的产业组织会导致资源配置效率及生产效率低下、生产成本与环境成本、市场存在恶性竞争的后果，不利于产业的长久发展。所以需要借助诸如世界通行的标准 ISO 体系等手段规范企业组织形态，提高产业发展的国际国内竞争力。② ③产业生产能力和市场需求分析。除国家垄断的部分特殊行业，对于大多数产业而言，若提供的产品供大于求，市场价格就会下降，行业整体利润就会降低，行业发展将受到限制；反之若供小于求，则该行业会快速扩展，此外还需要对行业内不同档次产品的供求状况进行更细致的区分。④产业技术分析。技术创新对于产业发展而言，其既可以实现降低行业生产成本、提高产品性能以促进产业升级的目的，更是提升产业竞争能力和创造差异化产品的重要途径。⑤产业融资分析。产业的发展是需要资金支持的，如对于投资规模大、回收期长、收益稳定的基础产业来说比较适合于通过银行体系进行融资；而对于高风险、市场变化大、高收益的高新技术产业来说借助银行贷款融资是很难实现的，需要债券、投资基金等其他金融产品的支持。⑥产业环境分析。通常包括政治环境、社会环境、经济环境、技术环境、产业政策环境等影响产业发展的各个重要因素。此外，还有产业竞争分析、产业盈利和产业成长性分析等众多内容。总之，由于产业发展的复杂性、多样性，使得对它的研究内容也同样具备了丰富的内涵和多种分析的角度，而这些研究的部分内容同样也可以成为其对生态城市建设产生影响的重要表现方式。

　　产业发展的经济学研究方法常采用案例研究法、博弈论法、经济计量学法等方式，特别是经济计量学法自 20 世纪 60 年代以后一直成为产业经济学的主要实证研究方法，如以某个国家、地区、行业等角度的产业结构和产业行为为一方，而以产业绩效为另一方，探讨它们之间的关系及特点（具体有三种方式：一是利用横断面数据对同一时点的不同产业进行研究；二是利用时间序列数据对不同时间的同一产业进行研究；三是同时利用横断面数据和

---

① 主要的产业组织形态包括：业主制、合伙制、公司制，其中公司制又包括有限责任公司、股份公司、上市公司。

② 现在国际范围内推行的 ISO 体系主要是认证企业的生产、销售、管理等环节的规范化程度。

时间序列数据对不同时间的不同产业进行研究）。因此，本研究在此后讨论天津产业发展对生态城市建设的影响过程中也主要通过应用上述部分方法进行分析。

4.3.2 产业发展与生态城市建设的关联分析

4.3.2.1 依托关联度进行定量分析

在讨论产业发展与生态城市建设的关联性时，可以借助灰色关联分析法的思路，先将体现产业发展的产业结构、产业行为、产业绩效中的部分指标作为关联分析中的相关因素变量，再以生态城市评价指标中的部分主要指标作为系统特征变量，从而找出它们之间的一般关系及密切程度或要素对系统主行为的贡献程度。需注意的是，在确定系统特征变量时要对经济发展指标中既是生态城市经济发展评价指标也是产业发展结构指标的部分进行剔除（如第三产业占 GDP 比例）。

由此，可构建以下几个主要系统特征变量 Y(i)：单位 GDP 能耗、城市空气污染指数、水、噪声环境质量综合指数、亿元工业产值固体废弃物产生量、亿元工业产值废气排放量、亿元工业产值废水排放量等；而对于反映产业发展评价的相关因素变量 X(j) 可选取：第一产业占 GDP 的比重值、第二产业占 GDP 的比重值、第三产业占 GDP 的比重值、第三产业就业率等。具体分析时先对各序列进行数据无量纲的标准化处理，然后借助统计软件进行计算比较数列 Y_i 对参考数列 X 的关联系数，其中关联度值偏大的被视为对生态城市建设的影响较强。

如王丽娟 [①]（2003）在选择了兰州、西安、南京等七个城市作为研究区域，以上述部分指标为基础进行分析，得出第二产业 GDP 的比重因素对城市生态环境影响程度最大，重工业产值占 GDP 的比重因素对城市生态环境影响程度次之等结论。

---

① 王丽娟.产业结构对城市生态环境影响的实证分析[J].甘肃省经济管理干部学院学报，2003（4）.

4.3.2.2 以动力机制进行定性分析

由于人类需求与产业发展都存在着对生态环境质量的要求，因此可以根据人类需求要素和产业发展内容对生态环境的各自不同压力进行联合，进而构建城市生态环境质量演变的动力机制模型，具体思路如下：

首先，就人的需求对生态环境质量演变而言，先根据马斯洛的需求理论将人的需求分成生理、安全、社交、尊重和自我实现五类需求，且存在着只有在较低层次的需求得到满足以后，才会有对更高层次需求的驱动行为的规律。然后可以发现高质量的生态环境属于高层次的需求，实践也能够证明人们对于居住和工作、娱乐等场所的生态环境质量要求与其收入水平和受教育水平有很强的相关性。正是人的需求这种规律，使得不同属性的产业在城市化水平存在高低差异的城市间转移，而此转移还带动着劳动力的转移与分化——高科技专业劳动力汇集在高端城市化区域、非技术劳动力在较低端城市化区域聚集，促使不同产业就业人群对于生态环境的有效需求出现差异。此时城市化率较低的城市会把较大比重的资源分配到基本需求产品上，满足尚未满足的低层次需求，而城市化率高的城市就能够将较高比重的资源分配到生态产品的生产、消费中来以提高生活质量。这样，城市化水平不同的城市生态环境质量会发生相应的变化，即低端城市化在人口密度扩大的同时对生态环境的压力也就愈大，如出现交通扩张刺激车辆增加，能源消耗和汽车尾气污染强度的双增过程，加剧了生态环境质量的恶化；而高端城市化水平伴随着高效的经济发展，促使社会能够进行更多的环保投资，以人为净化技术与效果来缓解生态环境压力，并通过政策、法律、经济、文化建设等手段迫使高污染产业或是外迁，或是进行新技术改造，留住那些附加值高而污染低的产业以及有高端产业学历的人才，从而为生态城市建设提供了条件。

其次，基于产业变动对生态环境质量演变而言，产业变动对于生态环境质量的影响可以从产业规模、产业结构和产业技术等几大方面体现出来。如部分资源型产业的规模快速扩大，在技术未有显著提高时会对城市发展造成生态环境产生累积性的污染压力，但通过清洁生产技术的推广使用，又能够减轻其对城市生态环境的压力。

同时，康晓光（2007）还在基于产业对环境需求和压力的不同程度下对产业进行了新的分类法，其中环境压力是指产业生产过程中对自然生态环境的破坏强度；环境需求是指给产业的从业人员对于生态环境质量的要求，即从事该产业的从业人员对生活、生产条件的生态需求。于是，产业可以根据需求与污染程度不同划分为低需求低污染产业（如农业）、低需求高污染产业（如化工、制造等产业）、高需求高污染产业（如电力煤气、石化等能源产业）、高需求低污染产业（如文化创意产业）等几种类型。

由此，将新的产业分类法与人对环境的需求、产业对环境的需求及压力相结合，可以推导出借助产业人员转移、产业技术改造及应用、产业结构及规模调整等产业策略可以满足人的高端需求——即对生态质量的要求，进而促进城市生态化发展，并形成如图 4.1 所示的生态环境、产业、需求、城市发展之间的综合动力机制，根据图示可以明显看出产业发展与人的需求结合后对城市生态环境改善有明显的影响效应，而这也是生态城市建设的重要动力。

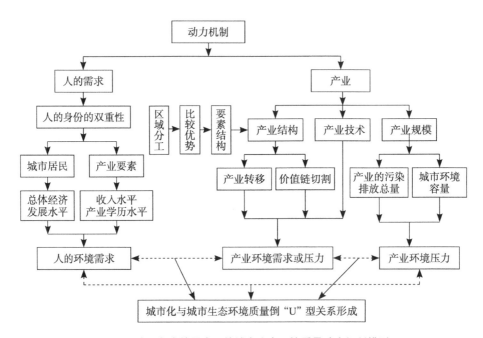

图 4.1　产业与人的需求下的城市生态环境质量动力机制模型

4.3.3　产业发展对生态城市建设的影响

4.3.3.1　不同产业发展内容对城市生态化建设的影响

（1）产业布局对生态城市建设的影响

产业布局是指区域内产业部门的沿地域分布问题。生产要素的地域差异必然会产生各行业沿地域的不均匀自然分布状态，但为了消除市场分布机制的社会需求缺陷，就需要通过适宜的产业布局来对产业分布进行有意识、有规划的人为干预，而这对于以生态环境保护为基点的生态城市建设及规划同样有效。

产业分布的微观基础是由企业布局行为所决定的企业分布问题，企业所追求的是经济利益，其决定将企业布局在什么地域时，主要考虑的是在该地域生产同在其他地域生产相比所具有的比较利益，由此可以派生出构成产业布局的影响因子（见表4.2），从表中能够看出很多影响因素本身也是生态城市评价因子，因此可以说产业布局是生态城市规划的组成部分之一，有着明显的指导性意义。

表 4.2　产业布局的影响因素分类分析表

布局影响因素	有形属性	无形属性
交通设施	运费	可靠性、频率、破损率、可获得性
原材料	生产成本、运输成本	交全性、质量
市场	运输成本、服务成本	个人联系、品位、竞争对手
劳动力	工资、福利及雇用成本	工作态度、工业化程度、技能、技能种类、流动性、可获得性
外部经济性 城市化水平、本地化	人口密度	外部性（正面与负面） 劳动者的技能、信息共享、公共服务、声望
能源	成本	可靠性、种类是否多样
基础设施	资金成本、税收	质量、种类是否多样
资本 （1）固定资产 （2）融资	建设成本、租金 借贷成本	可获得性、使用年限 可获得性
土地/建筑物	成本	大小、形状、远近、服务、内部设置

布局影响因素	有形属性	无形属性
环境政策 康乐设施	成本、税收	工人的偏好 本地人口的态度
政府政策	激励、惩罚、税	态度、稳定性、商业环境

同时，产业分布规律还主要源于集聚效应[①]和扩散规律。集聚指的是企业布局在一定空间区域上的集中。"集聚体"的产生究其原因就是因为不同的企业（产业）集聚在一起，每个企业都成为其他企业外部环境的一部分，每个企业都因与其他关联企业的接近而改善了自身发展的外部环境，从而获得正外部性效应，进而集聚效应就可以通过充分利用企业规模扩大而带来的单位产品成本的降低和企业生产所需的协作条件的改善几个方面得以表现；扩散规律是指产品、技术、资金、人员、信息等各种经济发展要素的流动，其有两种形式：邻域扩散和等级扩散。邻域扩散是经济要素从中心极核点（地带）向周边地区逐渐铺开、依次扩散；等级扩散是经济要素从中心极核点（地带）优先向下一级中心极核点（地带）的扩散。这些产业分布规律在生态城市建设中应用程度极高，如目前在国外的生态城市建设中提倡搭建绿色产业"马赛克"[②]平台，即从布局上进行相关产业集聚的引导，从而在降低运输成本的同时，减少资源的消耗。生态城市实践中的弗莱堡经验就是在理念、创造就业岗位、培养人才等众多基础层面进行了绿色产业的"马赛克"，使得目前弗莱堡的基础科学研究、技术出口转让和产品在全球范围的销售已经形成了配套的品牌效应，具有较强的经济、社会效益和竞争力。

（2）产业组织对生态城市建设的影响

根据"产业是生产同类有密切替代关系的产品的企业在同一市场上的集合"的定义，于是这些企业及之间的相互结构关系就被称为"产业组织"（减旭恒，2000）。产业组织理论最早是基于规模经济与市场竞争活力的矛盾形成的一种产业管理机制，其对应的就是产业内、企业间关系的组织及管理形

---

① 一个集聚系统的总体功能大于其各个组成部分功能简单相加之和，其超出部分就被称作集聚效应。

② "马赛克"是指相互关联性很高的企业在地理空间上高度集聚的现象。

式，如对企业内部组织而言其包括了科层组织（U 型结构、H 型结构、M 型结构、X 型结构 ① ）和法人治理结构等管理内容。

产业组织作为产业经济学的重要内容，包括了组织理论、产业市场集中、产品差别化和进出入障碍、规模经济性、纵向生产一体化等内容，合理的产业组织是产业经济资源合理配置及有效利用的组织形式和组织条件，是最有效率进行市场配置资源的基础，如不同产业的市场集中度值在体现竞争与垄断程度的同时，也代表了规模效应的发展状态以及城市产业生态化改造的可能性。一般来说，集中度偏低的行业生态化改进的经济压力较大、推动成本较高，而像石化等高度集中的行业，通过产业链的扩展和循环技术的应用等手段比较容易实现产业生态化，进而保障生态城市的建设与发展。

同时，很大程度上取决于企业的法人治理结构的企业行为也是保障生态城市建设的一个重要细胞。如在企业的法人治理结构中，若为股东控制较强的企业就会更多注重长期的利润最大化，从而有利于企业环保技术的应用；而经理等"内部人"控制较强的企业往往会更多地追求短效、单一的销售额最大化等内容，故而会不利于环境政策的有效落实，对城市生态环境造成更大的压力。

（3）产业结构对生态城市建设的影响

"产业结构"通常有两个方面的理解，第一，是强调国民经济内部、产业之间关系构成的"产业结构"，如投入产出分析方法下的三次产业问题，也可称其为"部门间经济问题"，其研究的主要内容是各产业之间的比例关系和构成；第二，是强调某一产业内部、企业之间关系构成的"产业结构"，这种产业结构本质上是一种"市场结构" ② ，主要应用于产业"结构—行为—绩效"范式（SCP 范式）的研究。

在一定程度上，产业结构可以被看成是产业发展的主线，或者说在现代经济增长中，产业结构和经济发展的关系极为密切，产业结构的状况成为反映一国的经济发展水平及方向的代表，并制约着经济发展速度与质量。由

---

① U 型结构即按职能划分部门的一元结构；M 型结构即事业部制或称多分支单位结构；企业集团中则多采用 H 型结构；X 型结构是这几种结构的混合体。

② 其也是产业经济被称为产业组织学的主要原因。

此，产业结构的合理安排必然在很大程度上决定着国家可持续发展政策的实施效果，进而成为生态城市建设的主要路径。如与目前发达国家第三产业的就业比重已高达 70% 左右，以及中等收入国家在 50% 至 60% 之间的数据比较，我国第三产业的就业比仅为 32.4%，比低收入国家平均水平还要低，显然第三产业就业状况较低，这也就代表着城市化水平不高，服务业发展相对落后和产值增长对环境的压力偏大，因此在我国很多在建的生态城市发展中都面临着三次产业及就业结构不合理的问题。

同时，根据结构变迁假说，其认为区域经济的不断发展必将导致经济重心相应转变，实现产业结构升级，进而对环境质量产生影响。即经济重心的变迁路径是先沿着以农业为主的低污染型经济向以工业为主的高污染型经济转变，而后再向以服务业为主的低污染的经济回归过程，可以说结构变迁假说从宏观理论上解释了区域环境质量的演变的基本过程。

然而，目前我国大多数地区存在产业结构的低度化特征，主要表现有：三次产业当中，工业比重严重居高，服务业比重偏低；在工业内部，增长格局明显存在向重工业的倾斜；在重工业内部，采掘业、原材料工业的比重上升幅度过快；甚至是高技术产业也退化成为资源密集度较高、知识密集度和附加值较低的产业形态等众多问题，而这些问题对生态环境的压力都是巨大的，也严重影响着生态城市建设的速度与程度。

4.3.3.2 不同产业对城市生态化建设的影响

三次产业是世界上较为常用的产业结构分类方法，但各国的划分不尽一致。以我国为例，三次产业划分是：第一产业是指农业、林业、畜牧业、渔业和农林牧渔服务业；第二产业是指采矿业、制造业、电力煤气及水的生产和供应业、建筑业；第三产业是指除第一、二产业以外的其他行业，具体包括交通运输、仓储和邮政业、信息传输、计算机服务和软件业、批发和零售业、住宿和餐饮业、金融业、房地产业、租赁和商务服务业、科学研究、技术服务和地质勘查业、水利环境和公共设施管理业、居民服务和其他服务业、教育、卫生、社会保障和社会福利业、文化体育和娱乐业、公共管理和社会组织等[①]。

（1）第一产业对城市生态化的影响

一般认为，第一产业对城市生态环境的影响尽管利弊兼有，但对城市生态化影响的深度和广度都比较有限。一方面第一产业多以绿色植物为生产对象，而绿色植物是城市生态化建设的重要自然屏障；但另一方面，第一产业对水土的需求较大，而城市空间相对紧张，而且不恰当的垦殖会引发植被破坏、化肥农药污染等问题，给城市生态环境带来不利影响。特别是城郊在种植业发展过程中，为了增加农作物单位面积产量，大量施用化肥、农药及地膜，然而在常规农业条件下，化肥利用率最高也仅有 50% 左右，其余未被利用部分和残余的农药会被淋溶冲刷而污染土壤和地下水；而且目前地膜使用后很难全部收回，残留在农田里的大量地膜难以降解会破坏土壤质量，并对植被造成新的毒害。

（2）第二产业对生态城市建设的影响

第二产业的生产特点决定了其能耗、物耗水平以及污染物的产生与排放水平一般会高于第一产业和第三产业的规模。特别是对于第二产业中的重工业发展，其带来巨大经济利益的同时，也造成了矿产、能源等不可再生资源大量消耗后的工业污染物问题，对城市自然生态环境形成胁迫效应。此外，由于第二产业中行业众多，但各行业资源使用种类、工艺流程、资源密集度等均有所不同，于是对城市生态建设的影响程度也就有很大差异。总体来说，资金密集型行业的能耗、物耗和污染要大于劳动密集型或技术密集型行业，于是石化、冶金、电力、造纸等属于"高消耗、高污染"工业行业，污染物排放规模较大，不应于城市主城区大量扩展；农副产品加工、纺织、医药等工业行业的资源消耗及污染排放规模相对而言处于中等水平；而电子及通信设备制造业、服装业等对资源的依赖程度比较而言偏低，于是对环境污染的压力较小，适宜在生态城市产业发展中加以扩展。

（3）第三产业对城市生态化建设的影响

由于第三产业对环境资源的依赖较小，于是对环境的压力相对于第一产业、第二产业也是比较小的，所以其大力发展一般认为是有利于生态城市构

---

① 来源于国家统计局公布的指标解释。

建的。但旅游业、交通运输业、餐饮业等行业的发展仍对环境质量有明显的直接影响效应，如旅游业盲目扩大会导致废水污染，甚者会致使一些自然景观消失。目前对城市生态环境影响较大的第三产业是交通运输业，经济繁荣带来了交通运输业的快速扩张，机动车数量直线上升和民用汽车拥有量急剧增加，却使人们忽略了其对于绿地等土地资源的占用，而其排放的氮氧化物形成了汽车尾气的空气污染，排放的无机化合物的细小微粒进入土壤形成了土壤污染；且机动车运行中鸣笛发出的噪声可高达 95 ～ 100dB，造成了噪声污染和噪声扰民问题；同时由于道路路面中含有大量有害物质，这些有害物质在水体淋漓中会通过道路排水系统流入地表层污染水质和土壤等。

§4.4　生态城市建设中的产业生态化发展

生态城市建设离不开产业经济的支持，而产业发展对建设生态城市的支持策略中最直接、效率最高的就是产业生态化转型的战略。目前，在世界范围内以"人与自然和谐"为背景的人类可持续发展命题越来越被强调和应用，生态危机意识也以前所未有的速度被认可和重视，由此对于经济增长的主要介质——产业发展的方向及形式就成为经济学研究的重点，于是催生出了大量且丰富的产业生态学相关理论[①] 和产业生态化发展等研究内容，其既是产业生态化转型策略，同时也是城市生态化建设的重要措施。

4.4.1　产业生态化转型与生态城市构建

一般来说，产业生产模式根据生产特性可以分为传统产业生产模式、控制污染生产模式和生态产业生产模式三种，而不同生产模式对于生产过程中的污染控制问题相应地形成了从自由排放到末端治理、清洁生产，再到产业生态的历史演变过程。其中，传统产业生产模式中的高效益经济产出常是以

---

① 产业生态学的定义等基础理论可见第二章产业理论支持中的产业生态学理论部分。

生态环境恶化为代价而获得的；此后，针对日益严重的生态危机，各国政府先是按"污染者付费""谁污染谁治理"的原则制定了一系列对污染物排放的控制法规，此后要求企业承担对其产生污染物净化的责任而形成了控制污染生产模式；再后来，在学者的带动下借鉴自然界生物有机体间及与无机环境间的互为条件状态以及食物链中物种间相互竞争、互惠互利、共栖等多种生态协调关系，一些国家展开了从原料到产品、废物，再到新原料的全部物质循环以及与周围环境系统寻求优化联系的生态型产业生产模式的探索。

由此，产业生态化生产模式就是以生态学理论为指导，依据生态系统承载能力、生命周期及代谢机制等生态经济原理，在社会生产活动中应用生态工程的方法，以整体预防、环境战略、多层分级利用的生态效率等理念模拟自然生态系统，形成具有完整生命周期、高效代谢过程的复合型功能的生态产业系统的过程。

产业生态化转型就是按照生态经济学、生态工程学等原理，在观念、管理、技术等多个层面上推动产业生产模式从传统模式、污染控制模式向生态产业模式转型，并同时逐步建立、扩大生态产业的发展过程。一般来说，产业生态化转型策略可以通过横向耦合、纵向闭合、区域耦合等方式实现。具体而言，横向耦合是对不同生产部门或行业以及相关工艺流程、生产环节，依照食物链的形式形成集生产、消费、流通、回收及环保能力建设为一体的产业链网进行横向结合，从而为"阶段性废物"找到下游的"分解者"，使单个企业或行业产生的各种"废物"在不同行业、企业间构成新的相互作用形式，建立物质的多层分级利用网络和物质闭路循环，优化行业、企业间的功能组合，疏通物资流、能量流、货币流、信息流、人力流，使各个流动项实现高效合理的综合利用；纵向闭合是依据产品生命周期原理，在产业内部加强自源、流到汇，再从汇到源的纵向闭合循环过程。其强调在产品生产和使用过程中节省各种能量、原料，以减少"三废"排放，而在产品销售阶段，尽量减少运输及运输所导致的能源消耗及环境污染，减少产品的包装或使用可再利用及再循环的包装材料，同时在产品使用寿命结束后的处置阶段，要尽量在技术上、管理上保障该产品易于回收处理或循环再利用；区域耦合则是借鉴自然生态系统运行模式，协调产业区域内的自然和人工环境的共生关系，并在空间格局等方面进行优化，最大可能地降低生产、流通过程对生态环境的不利影响，实现人工产业链与自然生态链的有机结合。

总之，从产业演化角度而言，产业的生态转型实质就是将环境纳入到产业活动中，使产品经济转化为功能经济 ① 以促进生态环境资源与其他经济物质资源和谐共生，实现生态与社会生产的基础设施、服务功能的平衡与协调发展。因此，产业生态化转型就代表着从单向链式经济转向纵向闭合型的循环经济、从全面竞争式经济转向横向联合型的共生经济、从独立厂区经济转向区域耦合型的园区经济、从分部门经济转向社会复合型的网络经济的系统化、功能化过程。

相应的对于不同产业生产模式下产生的末端治理、清洁生产、产业生态的各自主要表现可见表4.3，从中可以发现产业生态化对处理环境与资源问题的优越性和产业生态化转型的必然性。同样也可以看到产业生态化是城市产业发展的必然趋势，城市产业发展必然向生态承载能力强、经济高效、社会和谐的网络型、进化型生态产业体系及结构演进。

表 4.3 末端治理、清洁生产、产业生态特点比较

比较内容	末端治理	清洁生产	产业生态
产生年代	20 世纪 60 年代	20 世纪 70 年代	20 世纪 80 年代
思考方法	污染物产生后再处理	污染物大部分被消除在生产过程中	资源被高效地循环利用，大循环中最终的污染物为"零"
应用层次	工业企业	工业企业	整个产业（农业、工业等）
控制过程	污染物达标排放控制	生产全过程控制	对物流、能流、信息流进行综合分析
控制效果	污染产生量会影响效果	对污染产生量的控制比较稳定	对污染产生量的控制稳定、精准
污染产生量	间接地促使其减少	明显减少	充分利用后，很少量
能耗等资源消耗	增加（新产生了用于治理污染的消耗）	减少	最大限度地减少

---

① 功能经济是以产品的功能为交易内容而形成的循环型经济形态，以区别于产品经济中对产品有用属性需要以全面占有为条件才可获得的限制，如出售冰箱的厂家卖掉的只是制冷功能，一旦此功能丧失就需要收回冰箱这一载体，从而推动物质资源循环利用的规模。

比较内容	末端治理	清洁生产	产业生态
资源利用效率	无显著变化	增加	很高
产品产量	无显著变化	增加	大量增加
经济效益	减少（用于治理污染）	增加	显著增加
治理污染费用	排放标准越严格，费用越高	减少	极大减少
污染是否存在转移	有	可能有	无

2002年8月在深圳公布的《生态城市建设的宣言》中提出的生态卫生、生态安全、生态产业代谢、生态景观的整合、生态意识的五项内容中也明确提到了生态产业代谢问题，即资源上的再生与利用机制（包括产品的生命周期设计、资源的再利用及可更新能源的开发等广义产业生态化任务）。总之，在保护资源和环境、满足居民物质与生态并重的需求等问题上，生态城市建设与产业生态化具有目的一致性的特点，且生态产业的大多数内容实际上就在为生态城市建设提供服务和保障；反之，由于产业生态化带来的经济效益增长又为生态城市建设奠定了资金、物质等基础，进而确保经济、社会、自然和谐统一的生态城市的真正实现。

4.4.2　生态城市建设中产业生态化转型的主要内容

4.4.2.1　产业生态化的一般内容及应用

目前产业生态学借助环境设计、生命周期评价与设计、物质及能量流分析等研究方法，对产业活动与消费活动中的物流、能流及其对环境的影响以及信息流对各种资源的流动、利用及转化的影响等内容进行了较为充分的解释，并在理论支持下迅速发展了产业生态学的多种实践性研究，如生态产业园区建设中的生态系统的能量传递、物质循环及协同机制、生态产业网络模型等项目的实践探索。

产业生态化过程在实践应用时主要落实在企业、区域（园区）和国家/全球的各个层次上。首先，对企业层面的应用而言，其作为实践基础和现实推动者，应用策略集中在对于企业的生产及管理行为提出环境友好的管理理念、生产方式及科学的可持续评价机制，如要求企业树立"三重底线理念"①，采取生态效率评价、清洁生产审核等手段与评价方法；其次，在区域或园区层面上主要体现在生态工业园和生态农业园的应用，其中作为新型工业组织形态的生态工业园是最重要的实践形式，目前在各国已有很多成功的实践案例，如以工业共生②理念创建的丹麦的卡伦堡生态工业园是其典型代表。生态农业园则是在"整体、循环、再生"理念下通过合理安排农林牧副渔产业结构及产业布局，实现地区优势和农业生产力的提高，即将高产与优质结合起来，保障生态农业园在高产值、高附加值、经济与生态效益"双效合一"等项目上发挥整体效应；再次，就国家／全球的层次应用而言，其为国家／全球的产业政策提供了技术支持，为国家、全球等区域内物质和能量流动时实现资源合理配置、环境保护、棕地③开发等问题创造了保障条件。其中，主要理论支持内容及层次结构见图 4.2。

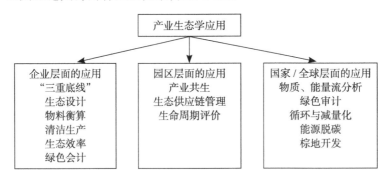

图 4.2　产业生态学在各个层面上的实践

① "三重底线"是指企业不仅追求经济利益，还应承担"社会责任"和"生态义务"。

② 工业共生是新兴工业生态学的主要理论，共生原指不同有机体之间共同生存，每种有机体可从其他有机体中获益。工业共生第一次应用于丹麦卡伦堡市的产业发展项目，其核心是寻找不同区域或产业间的合作与相互促进的机会，通过对物流、能流大量数据的收集与分析，识别潜在的原材料、能源、副产品的交换机会，以此来获得工业竞争优势。

③ 棕地是指废弃的、闲置的或没有得到充分利用的工业或商业用地及设施，这类土地的再开发和利用过程往往因存在着客观上的或潜在的环境污染而比其他开发过程更为复杂。美国环保署将其定义为"可以再开发利用的不动产，但其真正价值被一些可见的或潜在的危险和有害物质所掩盖，且多数位于大都市区域的中心城市"。

4.4.2.2 生态城市建设中的产业生态化内容

本研究根据生态城市建设内容需要出发，主要从企业层面、园区层面及三次产业系统层面对产业生态学体系涉及的农业生态化、工业生态化及服务业生态化各项表现进行分析，力求通过系统的生态产业体系构建为前提，形成良性运转的产业体系结构（见图 4.3），进而为城市生态建设提供最基本的物质、技术、管理机制等的支持。

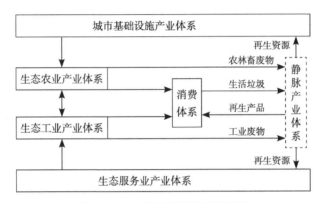

图 4.3　生态城市建设的产业体系图

（1）对生态农业的认识

对于传统产业生产模式中的城市农业经济而言，其本质上是一类封闭式、自生型的自然经济，早期能够在城区资源承载力和环境容量许可的范围内进行生产，但随着城市人口的迅速扩张，以及大水漫灌、无机肥无节制使用、残留危害较高农药大量喷洒等低端技术与手段的大量应用，使得城市居民需要与自然生态承载力及环境容量的矛盾开始显现，且在城市中人与自然间、农业与工业间的"争地"问题更是长期存在。由此，在有限的城市区域内，满足人口数量庞大且增速较快的城乡居民的农副产品基本需求成为保障社会和谐发展的根基。因此，能够实现经济高效、生态和谐的新型农业发展方式——生态农业的建设就成为健全城市功能、维护城市生态平衡、推动城市产业生态化转型、改善城市生态环境建设的重要手段。

生态农业是用现代科学技术对传统农业进行升级改造，在一定区域内因地制宜规划、组织和发展起来的一种多级、分层次优化利用农业资源的集约经营管理的新型农业生产的产业形式①。发展城市生态农业就是要提高城市农业产业整体的可持续发展能力，即以合理的资源化处理技术手段、农副产品生产布局等降低城市农业对于资源的消耗量，并通过农业废弃物的无害化技术降低其对自然生态环境的负面影响；依托精细种植业、精品养殖业和农副产品深加工业等策略发展现代化城市农业，调整农业结构使其在满足城乡居民对农副产品需求多样性、安全性等要求的同时，增加农业产值及农民收入；在城区适宜地质区域建设生态农业示范区，形成整体性、系统化发展模式。

同时，目前农产品标准化问题也是城市生态农业的关键性工作之一，即通过将标准化贯穿到城市生态农业的生产、加工、贮运、消费整个行业链中，以促进农产品生态安全，进而提高农业综合效益。

（2）生态工业的重要内涵

工业产业是现代城市经济的核心和发展的基础之一。但是传统工业经济却是一类掠夺式的竞争经济，其高效率的经济产出是以对大量不可更新能源、不可再生资源的粗放式利用为基础的，即在资源利用方面以产品为中心决定取舍，从而放弃了人类对自然生态环境的基本义务。同时，从工业生产中的污染物产生量与城市环境质量的影响程度的多种相关定量分析结果来看，可以推导出工业发展结构与模式是造成城市生态环境恶化最主要因素的结论。由此，可以明显发现，工业的生态化改造对城市生态化建设具有重要的影响意义，生态工业发展模式也是构建生态城市的必然路径之一。

生态工业就是以生态学、经济学、管理学、系统工程等理论为指导组织工业企业生产，运用各种先进的生产、管理技术，实现对自然资源最为充分、合理的高效利用（如使上游企业排放的废弃物成为下游企业所需的生产原料），并尽最大努力使其对生态环境形成较少污染（或"无污染"），且通过物质循环和能量转换形成相互依存的一种现代工业生产形式及生态产业体系。一般来说，城市生态工业发展的表现有，在微观上依托清洁的企业生产、管理和运行模式，为城市社会体系提供大量优质的生态化产品和服务；

① 金国平，朱坦，唐弢.生态城市建设中的产业生态化研究[J].环境保护，2008(4).

在中观上借助生态产业共生系统，实现资源的多层次、循环型的综合利用，提高城市中各产业子系统的物质循环效率；在宏观上提升城市工业经济系统的结构和功能，着力推动工业系统与生态、经济、技术间的相互正向影响效应，促进城市工业经济系统的物质流、能量流、价值流、信息流等协调性的合理运转与配合。可以说城市工业生态化转型过程就是以生态工业在城市宏观、中观、微观三个层次上的实践应用为起点，实现工业生产、交换、消费体系中经济、社会和生态效益全方位的同步提高，促进城市建设得以健康稳定、有序协调发展的优化进程。

目前在城市生态化建设过程中，生态工业的重要战略路径、组织形式及建设内容就是对于生态工业园的设计、建设任务。国际上较早对生态工业园提出明确定义的代表是2001年Lowe在《亚洲发展中国家生态工业园手册》中的定义："一个由制造业企业和服务业企业组成的企业群落。它通过管理包括能源、水和材料这些基本要素在内的环境与资源方面的合作，来实现生态环境与经济的双重优化和协调发展，最终使该企业群落寻求一种比每个公司优化个体表现可以实现的个体效益总合大得多的群体效益。"

在我国，生态工业园区建设起步于2000年，至2010年4月已批准建设36个国家级生态工业示范园区（综合类园区26个、行业类园区9个、静脉产业类园区1个），截至2017年我国批准开展国家生态工业示范园区建设的园区名单45个，批准为国家生态工业示范园区的园区共有48个。这些生态工业示范园区的建设路径主要依托了两种方式：一是对原有经济技术开发区或高新技术开发区进行生态化改造；二是直接进行新规划建设，如天津经济技术开发区、苏州高新区等。同时，依据各产业部门的关联度，还可以将生态工业示范园区建设分为纵向产业链园区、横向产业链园区、高新技术产业园区三种组建模式。其中，①纵向产业链园区多表现为由产品关联度高，原料相似性强，基础设施共用性强的行业组织联合而成，如上下游关系联系紧密的化工行业，由于其也是一个高污染、高能耗、高风险的行业，因此化工企业间通过纵向产业链建立生态工业园就可以减少废物排放，提高资源、能源的利用水平，并提高国际竞争力；②横向产业链园区的主要表现形式是以"三废"处理为主要业务的静脉产业园，其多数是由政府出面直接投资进行建设与管理的；③高新技术产业园区则是由产业部门间没有明显关联性的新能源、新材料等高新技术企业集聚而形成的。与此同时，国内生态工业园基本形成了三种发展模式，即企业主导型、产业关联型及改造重构型。

根据国家环境保护总局颁布的《中华人民共和国环境保护行业标准》（2006），其对综合类生态工业园区、行业类生态工业园区、静脉产业类生态工业园区的建设均给出了相应的定义、建设标准与规范性要求、数据采集和计算方法等内容，也成为此后指导城市生态工业园规划与建设的重要指南。文件中首先给出了对生态工业园区的认定，即"依据循环经济理念、工业生态学原理和清洁生产要求而设计建立的一种新型工业园区。它通过物流或能流传递等方式把不同工厂或企业连接起来，形成共享资源和互换副产品的产业共生组合，建立'生产者—消费者—分解者'的物质循环方式，使一家工厂的废物或副产品成为另一家工厂的原料或能源，寻求物质闭环循环、能量多级利用和废物产生最小化"。文件还根据工业园组织特点的差异，分别界定了综合类生态工业园区、行业类生态工业园区、静脉产业类生态工业园区及其相关建设评价指标。

综合类生态工业园区就是由不同工业行业的企业组成的工业园区，主要指在高新技术产业开发区、经济技术开发区等工业园区基础上改造而成的生态工业园区。综合类生态工业园区的详细建设评价指标见表4.4。

表 4.4　综合类生态工业园区指标

项目	序号	指标	单位	指标值或要求
经济发展	1	人均工业增加值	万元 / 人	≥ 15
	2	工业增加值增长率	%	≥ 25
物质减量与循环	3	单位工业增加值综合能耗	吨标煤 / 万元	≤ 0.5
	4	单位工业增加值新鲜水耗	m³/ 万元	≤ 9
	5	单位工业增加值废水产生量	t/ 万元	≤ 8
	6	单位工业增加值固废产生量	t/ 万元	≤ 0.1
	7	工业用水重复利用率	%	≥ 75
	8	工业固体废物综合利用率	%	≥ 85
	9	中水回用率	%	≥ 40

项目	序号	指标	单位	指标值或要求
污染控制	10	单位工业增加值 COD 排放量	kg/万元	≤ 1
	11	单位工业增加值 SO_2 排放量	kg/万元	≤ 1
	12	危险废物处理处置率	%	100
	13	生活污水集中处理率	%	≥ 70
	14	生活垃圾无害化处理率	%	100
	15	废物收集系统		具备
	16	废物集中处理处置设施		具备
	17	环境管理制度		完善
园区管理	18	信息平台的完善度	%	100
	19	园区编写环境报告书情况		1期/年
	20	公众对环境的满意度	%	≥ 90
	21	公众对生态工业的认知率	%	≥ 90

　　行业类生态工业园区是以某一类工业行业的一个或几个企业为核心，通过物质和能量的集成，在更多同类企业或相关行业企业间建立共生关系而形成的生态工业园区。行业类生态工业园区的详细建设评价指标见表4.5。

表 4.5　行业类生态工业园区指标

项目	序号	指标	单位	指标值或要求
经济发展	1	工业增加值增长率	%	≥ 12
物质减量与循环	2	单位工业增加值综合能耗	吨标煤/万元	达到同行业国际先进水平
	3	单位工业增加值新鲜水耗	m^3/万元	
	4	单位工业增加值废水产生量	t/万元	
	5	工业用水重复利用率	%	
	6	工业固体废物综合利用率	%	

续表 4.5

项目	序号	指标	单位	指标值或要求
污染控制	7	单位工业增加值 COD 排放量	kg/万元	≤1
	8	单位工业增加值 SO_2 排放量	kg/万元	≤1
	9	危险废物处理处置率	%	100
	10	行业特征污染物排放总量		低于总量控制指标
	11	行业特征污染物排放达标率	%	100
	12	废物收集系统		具备
	13	废物集中处理处置设施		具备
	14	环境管理制度		完善
园区管理	15	工艺技术水平		达到同行业国内先进水平
	16	信息平台的完善度	%	100
	17	园区编写环境报告书情况		1 期/年
	18	周边社区对园区的满意度	%	≥90
	19	职工对生态工业的认知率	%	≥90

　　静脉产业类生态工业园区是以从事静脉产业 [①] 生产的企业为主体建设的生态工业园区。静脉产业类生态工业园区的详细建设评价指标见表 4.6。特别是伴随着 2006 年在青岛市建立的我国第一个"静脉产业"生态工业园——新天地静脉工业园区，园区内建有包括危险废物处置中心、工业固体废物填埋场、医疗废物处置中心、废旧家电及电子产品处理工厂、废旧轮胎资源化利用设施及固体废物信息交换中心等项目，标志着我国对于固体废物利用的探索与实践取得了突破性进展，项目运行过程中迅速降低了青岛市烟尘、二氧化碳等的排放量，改善了青岛市空气质量，也为城市生态化建设提供了有利条件。

---

① 静脉产业，即资源再生利用产业，是以保障环境安全为前提，以节约资源、保护环境为目的，运用先进的技术，将生产和消费过程中产生的废物转化为可重新利用的资源和产品，实现各类废物的再利用和资源化的产业，包括废物转化为再生资源及将再生资源加工为产品两个过程。

表 4.6　静脉产业类生态工业园区指标

项目	序号	指标	单位	指标值或要求
经济发展	1	人均工业增加值	万元/人	≥5
	2	静脉产业对园区产业增加值的贡献率	%	≥70
资源循环与利用	3	废物处理量	万吨/年	≥3
	4	废旧家电资源化率*	%	≥80
	5	报废汽车资源化率*	%	≥90
	6	电子废物资源化率*	%	≥80
	7	废旧轮胎资源化率*	%	≥90
	8	废塑料资源化率*	%	≥70
	9	其他废物资源化率*	%	符合相关规定
污染控制	10	危险废物处理处置率	%	100
	11	单位产业增加值废水排放量	吨/万元	≤7
	12	入园企业污染物排放达标率	%	100
	13	废物集中处理处置设施		具备
	14	集中式污水处理设施		具备
园区管理	15	园区环境监管制度		具备
	16	入园企业的废物拆解和生产加工工艺		达到国际同行业先进水平
	17	园区绿化覆盖率	%	≥35
	18	信息平台的完善度	%	100
	19	园区旅游观光、参观学习人数	人次/年	≥5000
		园区编写环境报告书情况		1期/年

注：带 * 的指标为选择性指标，根据各园区废物种类进行选择

　　显然，不管是何种形式及类型的生态工业园，都是一个有利于企业间或产业间的协同发展的综合工业体系，而这种工业体系与一般区域内的产业经济效果相比具有多方面的优势（见表 4.7），且其中很多优势内容本身也正是生态城市建设的目标与内容，所以说产业生态化中的生态园区战略是建设生态城市的重要策略与路径之一。

表 4.7　生态工业园的不同层面优势表现

商业方面	环境方面	社区方面
更高的利润率	持续的改善环境质量	扩大了当地商业机会
提升市场形象	减少污染	提高缴税基数
更高效的工作场所	创新而有效的环境解决方案	园区荣誉感
工作效率提升	自然生态系统的保护提高	改善环境和居住条件
易于融资	更高效的利用自然资源	区域内员工身体素质提高
管理更加灵活、科学		建立商业伙伴间的互利合作关系
经营成本降低（如能源、材料）		改善园区周边的生活质量
处理成本降低		提高美观程度
副产品的销售收入增加		提供较好的工作机会
环境义务降低		
公众形象提高		

此后，2013 年以来中央政府出台了《关于加快推进生态文明建设的意见》《循环经济发展战略及近期行动计划》《国务院办公厅关于促进国家级经济技术开发区转型升级创新发展的若干意见》等一系列文件，均提出与生态产业园园区绿色、低碳、循环发展相关的内容，也显示出园区绿色、低碳、循环发展对中国城乡加快经济发展方式转变，建设资源节约型环境友好型社会的重要性。

（3）生态服务业的发展

在三次产业中，第三产业主要包括了商贸、零售、交通、物流、会展、金融、保险、餐饮、旅游、文化、环卫、体育等行业，显然鉴于第三产业性质及内容的特殊性使得城市成为第三产业最发达的地域，且目前世界各国常把第三产业的发展状况视为反映一个城市经济活力、社会文明程度的主要标志之一，由此在服务业中推进产业生态化——生态服务业的发展同样成为生态城市建设的重要组成部分，并起着积极推动作用。特别是交通、物流、餐饮、旅游、环卫等行业在向居民提供相应服务的同时，因其对于能源、自然资源、环境等内容的要求程度比重较高，所以也成为反映整个城市生态系统的运行状况的关键性行业。

如在交通运输及商贸物流业的发展中，若能够以建设大型商业服务中心和批发贸易中心、现代物流基地和配送中心等形式，搭建出集仓储、加工配送、信息等功能于一体的、有节能环保优势的多层次、专业化、标准化的现代物流网络和绿色通道，必将会推动城市功能的提升和环境质量的改善。

　　而在发展旅游业的过程中，如果可以做到坚持旅游开发与历史文化遗产保护以及生态环境建设同步规划、同步实施，把生态观念及文化融入旅游产业链的各个环节，尽量降低产业发展对自然生态环境的负面影响，转化为以保护生态环境为前提的生态旅游业，那么也就为生态城市构建提供了良好的自然生态氛围，同时又为培育社会生态文化奠定了基础。

　　同时，对于服务业在为城市居民提供生产、生活服务的过程中，还可以借助城市居民的绿色消费行为缓解城市中资源紧张与环境质量恶化的压力，如提倡尽量采用公共交通工具出行，减少对一次性餐具、不可降解的塑料袋、餐巾纸等高耗材、高污染产品的使用规模，避免过度包装、办公用纸过度消耗等现象，必然能够降低资源浪费规模及对环境的破坏，从而保护城市生态。

　　综上所述，围绕提高城市居民收入、改善生活质量、丰富文化、提升文明教育等目标的服务业生态化发展模式能够广泛地提高资源循环利用率，保障节能减污，使服务业的发展在创造社会财富的同时，对城市生态环境的不良影响又能降低到最小的程度，并为生态农业和生态工业的发展创造良好的信息、文化、市场等条件。

第五章　天津生态城市建设及产业发展分析

　　天津市是中国历史文化名城、四大直辖市之一、北方最大的沿海开放型港口城市。地处我国华北平原东北部、海河流域下游、环渤海湾的中心，东临渤海，北依燕山。市行政区域面积1.19万平方公里，海岸线长153.3公里，区域内蕴藏有30多种金属矿、非金属矿、地热等自然资源，也是国家最大的海盐产区。气候条件适宜多种动植物的生存，物种资源丰富。

　　截至2018年末，全市常住人口1559.60万人，年末全市户籍人口1081.63万人。常住人口中城镇人口1296.81万人，城镇化率为83.15%，外来人口499.01万人（占全市常住人口的32.0%）。2018年，全市生产总值（GDP）18809.64亿元，比上年增长3.6%。其中，第一产业增加值172.71亿元，增长0.1%；第二产业增加值7609.81亿元，增长1.0%；第三产业增加值11027.12亿元，增长5.9%。三次产业结构为0.9:40.5:58.6。全市居民人均可支配收入39506元，增长6.7%。按常住地分，城镇居民人均可支配收入42976元，增长6.7%；农村居民人均可支配收入23065元，增长6.0%。全市居民人均消费支出29903元，增长7.4%，其中教育文化娱乐、交通通信、医疗保健支出分别增长18.4%、14.3%和12.0%。全年农业总产值391.00亿元，工业增加值6962.71亿元（规模以上工业增加值增长2.4%[①]），全市共引进内资项目3339个，实际利用内资2657.06亿元。

　　显然，天津市是经济、文化发达、自然资源丰富、工业基础雄厚、人口

[①]　包括全部国有（含国有联营、国有独资）工业企业和年主营业务收入在500万元及以上的非国有工业企业。

密集的大型城市，也是国家最重要的能源、原材料生产基地之一，属于综合科技实力较强、开放程度较高、外向型经济发展基础较好的地区，目前其既具有建设生态城市所需的必要的自然与经济基础，在发展战略上也有加强城市生态化建设的迫切需要。

§5.1　天津生态城市建设的基本条件

5.1.1　生态资源条件

天津市位于华北平原东北部，主要为平原地势，是海河五大支流 [①] 的汇合处和入海口，有"渤海明珠"之称。市域南北长约 187 公里，东西宽约 122 公里，地域周长约 900 公里（海岸线长 153.3 公里，陆界长 700 多公里），气候介于大陆性和海洋性气候之间，日照、雨水量均相对充足。以 2017 年为例，全年平均气温 14.2℃，平均相对湿度 55%，日照时数 2452.8 小时，年降水量 512.9 毫米，具有良好的土地、气候、物种等自然资源条件。

5.1.1.1　水土资源状况

（1）土地资源条件

天津市总面积 11917.3 平方公里，其中山地面积 651 平方公里，约占总面积的 5.5%，平原面积 10664 平方公里，占总面积的 90%，具体土地面积及利用状况详见表 5.1，城市建设用地面积及利用状况见表 5.2。全市除北部蓟县的山地、丘陵外，其余区域均为在深厚沉积物上发育的土壤，且其褐色土是具有良好耕性的肥沃土质。市域内还有待开发的平原荒地、滩涂，可以成为扩大石油、海洋化工产业发展的理想选择地；在渤海湾西岸的海河以及蓟运河尾间尚有滨海湿地资源，这也是日后发展湿地旅游业的可行场地。

---

① 海河五大支流是南运河、北运河、子牙河、大清河、永定河。

表 5.1 2017 年天津市域土地面积及利用状况表

项　目	面积（平方公里）	占全市土地总面积比重（%）
全市土地总面积	11966.45	100.0
农用地	6921.39	57.8
耕地	4367.55	36.5
园地	296.11	2.5
林地	547.34	4.6
其他农用地	1710.39	14.3
建设用地	4173.39	34.9
居民点及工矿用地	3332.85	27.9
交通用地	303.44	2.5
水利设施用地	537.10	4.5
未利用地面积	871.67	7.3
未利用土地	156.58	1.3
其他土地	715.09	6.0

资料来源：2018 年天津统计年鉴

表 5.2 2015—2017 年天津市城市建设用地面积及利用状况表

（单位：平方公里）

指　标	2015	2016	2017
城市建设用地	900.61	961.65	995.05
居住用地	237.30	258.55	277.49
公共管理与公共服务用地	67.94	78.40	77.52
商业服务业设施用地	49.13	69.30	76.99
工业用地	211.44	231.21	242.48
物流仓储用地	63.35	66.01	60.12
交通设施用地	159.16	138.03	134.62
公用设施用地	24.28	26.47	20.96
绿地	88.01	93.68	104.85

资料来源：2018 年天津统计年鉴

　　以上述 2017 年数据为例，天津人均耕地仅为 280.04 平方米／人，远低于国际公认的生存与发展的极限值 533 平方米／人，农业生产用地压力较大；人均绿地面积仅为 6.72 平方米，明显处于偏低水平，显然还需扩大绿化建设面积，以提升城市生态环境基础性条件。

　　（2）水资源条件

　　天津主要水源是海河上游的众多天然径流（如南北运河、子牙河等），但自 20 世纪 80 年代以后因河系上游截流量增大，致使天津常年表现为严重缺水。目前天津市包括当地径流、地下水可开采量、入境水量（引滦、引黄）的水资源总量可达到 18 亿立方米（已扣除重复计算量）左右，具体水资源情况可见表 5.3。同时，天津市平均 10 多亿立方米总量的地表水资源的空间及时间分布非常不均匀，北部约占全市 57% 区域面积的部分平原及山区共拥有全市 68% 的水资源量，其余人口、工业相对密集的南部平原区拥有的水资源量仅为 32%。同时尽管年平均降雨量接近 600 毫米，但 80% 是集中在 6 月至 9 月间集中形成，且在强日照条件下使得蒸发量极大，不利于蓄水及水资源的储备。此外，境内水源还有包括了孔隙水、岩溶水和微咸水（矿化度在 2 ～ 3g/L）在内的约 5 亿左右立方米总量的地下水资源。

表 5.3　2001—2017 年天津水资源情况及比较表

年份	水资源总量 （亿立方米）	地表水 （亿立方米）	地下水 （亿立方米）	地表水与地下 水资源重复量	人均水资源量 （立方米／人）	国家人均 水资源量 （立方米／人）
2001	5.66	3.53	2.41	0.28	56.45	2112.5
2002	3.67	1.85	2.09	0.27	36.49	2207.2
2003	10.6	6.15	4.82	0.37	105.03	2131.3
2004	14.31	9.79	5.16	0.64	140.64	1856.3
2005	10.63	7.13	4.44	0.94	102.87	2151.8
2006	10.11	6.62	4.46	0.97	95.47	1932.1
2007	11.31	7.5	4.76	0.95	103.29	1916.3
2008	18.3	13.61	5.91	1.22	159.76	2071.1
2009	15.24	10.59	5.60	0.95	126.80	1816.2
2010	9.20	5.58	4.45	0.83	70.81	2310.4

年份	水资源总量 （亿立方米）	地表水 （亿立方米）	地下水 （亿立方米）	地表水与地下 水资源重复量	人均水资源量 （立方米/人）	国家人均 水资源量 （立方米/人）
2011	15.38	10.89	5.22	0.73	113.54	1730.2
2012	32.92	26.54	7.62	1.24	232.95	2186.2
2013	14.64	10.80	5.01	1.17	145.82	2059.7
2014	11.37	8.33	3.67	0.63	111.84	1998.6
2015	12.82	8.70	4.87	0.75	124.84	2039.2
2016	18.92	14.10	6.08	1.26	121.12	2354.9
2017	13.01	8.80	5.54	1.33	83.60	2074.5

资料来源：历年天津统计年鉴和国家统计年鉴

据表中数据显示，多年来天津水资源人均占有量与全国人均占有量相比相差甚远，如 2017 年仅约为国家人均水资源量的 4.03%。且根据国际一般标准，人均水资源少于 1700 立方米的国家（或地区）就属用水紧张，显然天津虽然内有海河经过，但仍属于水资源严重短缺的地区。

5.1.1.2 矿物资源基础

天津市已探明的金属及非金属矿、燃料和地热等资源约有 30 多种。金属及非金属矿主要分布在天津北部山区，石油、天然气、煤等燃料资源主要蕴藏在平原地下和渤海大陆架。根据 2016 年统计资料表明天津市主要能源中石油储量为 3349.90 万吨、天然气储量为 274.91 亿立方米、煤炭储量为 2.97 亿吨、铬矿石为 6.90 万吨等。特别是天津平原地区蕴藏着的埋藏浅、水质好、总贮量约为 1103.6 亿立方米的丰富地热水资源具有非常广阔的开发利用价值。此外，天津还是中国最大的海盐产区，年产长芦盐约为 200 余万吨，约占全国海盐总产量的近四分之一。

5.1.1.3 其他自然条件与资源状况

（1）海港资源

渤海海岸线上的天津港位于海河入海口，早在隋唐时期就是南方粮、绸北运的水陆码头、转运中心以及军事重镇，后随着海上贸易的扩大而成为对外重要的通商口岸。天津港腹地广阔，现有水陆域面积260平方公里（陆域面积72平方公里），港口岸线总长超过27公里，拥有各类专业化、现代化码头，现有139个泊位（万吨级以上泊位76个）。主要分为南疆、北疆、海河、东疆四大港区和临港产业区。南疆是以液体散货和干散货作业为主，北疆是以集装箱和杂货作业为主，海河港区以小型船舶作业为主，东疆是天津港新开发的港区，总面积30平方公里（含在建的10平方公里国内面积最大、政策最优的保税港区），规划建设中的临港产业区将是重点发展重装备制造业以及粮油产业园等的新功能区。

目前作为京津城市带和环渤海经济圈交汇点上的天津港有远洋航线20余条，与400多个港口保持贸易往来，通达全球180多个国家及地区，是连接东北亚与中西亚的纽带、亚欧大陆桥距离最近的东部起点、我国华北航运网的重要组成部分和国内北方海陆交通枢纽，也是我国沿海码头设施最先进、功能最齐全的港口之一，港口功能涵盖了装卸、仓储、物流等多种服务范围。

天津港长期以来一直与国内各港口以及东北亚和太平洋地区等国际港口往来密切，对国内外海上运输及贸易具有极为重要的地位（见表5.4），数据显示除2009、2015—2016年个别年份受外汇等因素影响贸易额有所下降外，其他年份天津港口贸易各项指标均连年增长，充分展示了天津港的港口资源辐射及带动区域经济的巨大潜力。

表 5.4 天津港口贸易状况表

年份	港口货物吞吐量（万吨）	口岸进出口总额（亿美元）	其中：外贸进出口总额（亿美元）
1985	1856	96.18	14.86
1990	2063	85.95	22.10
1995	5787	217.46	65.46
2000	9582	298.03	171.57
2005	24069	819.29	533.87
2006	25760	1018.85	645.73

续表 5.4

年份	港口货物吞吐量 （万吨）	口岸进出口总额 （亿美元）	其中：外贸进出口总额 （亿美元）
2007	30946	1290.00	715.50
2008	35593	1631.02	805.39
2009	38111	1242.24	639.44
2010	41325	1641.10	822.01
2011	45338	1972.49	1033.91
2012	47697	2042.52	1156.23
2013	50063	2148.15	1285.28
2014	54002	2285.04	1339.12
2015	54051	1874.29	1143.47
2016	55056	1702.35	1026.51
2017	50056	1872.46	1129.45

资料来源：历年天津统计年鉴

（2）旅游资源

天津旅游资源丰富，主要自然风景有蓟县秀丽山景、渤海湾的优美水景等，以及八仙桌子天然次生林自然保护区、古海岸线遗迹——贝壳堤等自然名胜；还有数目众多的文物古迹，如著名的玉皇阁、天后宫、文庙、天主教堂、清真大寺、大悲禅院、广东会馆、庄王府、汉沽炮台、孙中山下榻处张园等。目前已形成了以海河为风景轴线，辅之以津河、北运河、异国风貌五大道等为主的市中心旅游区，以港口、新型工业园区等为主的滨海新区观光区，以古文化街、食品街、服装街、旅馆街等为主的商贸街区，以及独特建制的各式小洋楼文化场馆等多样化的天津特色旅游产业链。目前，"天津之眼"摩天轮、津湾广场、北塘海鲜街及八大公园等新景点也成为津门旅游的新亮点。

5.1.2 经济发展水平

天津近些年来经济增长迅速，并有着"80年代看深圳，90年代看浦东，

21 世纪看天津"的美誉，目前已建成为北京都市圈中的第二大工商业城市，并是北方金融商贸中心之一，在国家经济发展中有着重要作用。近年来城乡居民收入增长较快，居民消费水平持续提高，居民居住条件和环境不断改善。具体的天津经济发展水平可参见表 5.5，数据显示天津在体现经济增长规模的生产总值、人均生产总值、财政收入、社会劳动生产率等指标上均有较强实力，如以 2017 年为例，其人均生产总值 118944.00 元与国家人均生产总值 59660 元相比优势明显。同时，天津经济增长速度也相对较好，如2001—2017 年 GDP 平均年递增速度 10.3%，明显高于国家 8.7% 的平均值，显然天津的经济发展属于国内增长较快地区，发展水平较高。

表 5.5 天津主要经济增长规模与速度指标状况表

年份	全市生产总值（亿元）	人均生产总值（元）	一般公共预算收入（亿元）	社会劳动生产率（元/人）
1980	103.53	1357	40.94	2671
1985	175.78	2169	48.21	3892
1990	310.95	3487	44.88	6617
1995	931.97	9769	117.34	18126
2000	1701.88	17353	133.61	34208
2001	1919.09	19141	163.64	39357
2002	2150.76	21387	171.83	43851
2003	2578.03	25544	204.53	51380
2004	3141.35	30874	246.18	60487
2005	3947.94	38206	331.85	73772
2006	4518.94	42672	417.05	81758
2007	5317.96	48566	540.44	90376
2008	6805.54	59411	675.62	107917
2009	7618.20	63375	821.99	115040
2010	9343.77	73938	1068.81	132929
2011	11461.70	86377	1455.13	153656
2012	13087.17	94570	1760.02	167109
2013	14659.85	101615	2079.07	177631

年份	全市生产总值 （亿元）	人均生产总值 （元）	一般公共预算收入 （亿元）	社会劳动生产率 （元/人）
2014	15964.54	106821	2390.35	185131
2015	16794.67	109634	2667.11	189341
2016	17837.89	114747	2723.50	198285
2017	18549.19	118944	2310.36	206416

资料来源：历年天津统计年鉴，2018 年天津市国民经济和社会发展统计公报

同时，天津作为北方老工业基地之一，工业发展实力仍然强劲，如 2018 年，全市工业增加值 6962.71 亿元，比上年增长 2.6%。全年规模以上工业增加值增长 2.4%，全年规模以上工业企业主营业务收入增长 6.5%，利润总额增长 11.1%，主营业务收入利润率为 6.8%，比上年提高 0.4 个百分点。就经济类型上，国有企业增加值增长 1.0%，民营企业增长 2.5%，外商及港澳台商企业增长 4.4%，民营企业发展潜力较大，且石油和天然气开采业、煤炭开采和洗选业、医药制造业、烟草制品业和食品制造业盈利能力突出，主营业务收入利润率均达到两位数水平。

此外，在国家"十一五"规划中，天津滨海新区还被纳入国家总体发展战略布局，使其成为长江三角洲的上海浦东新区、珠江三角洲的经济特区之后的中国区域经济的第三个发展极，并在 2006 年 4 月 26 日的国务院常务会议上批准了天津滨海新区进行综合配套改革试点的计划。由此，根据"大都市是一个国家或一个区域的经济核心区和增长极"的观点，陆大道院士还于 2009 年提出以上海为核心的长三角，以天津为核心的环渤海经济区和以广州、深圳为核心的珠三角是中国最具活力和竞争力的地区。而 2010 年 2 月国家住房和城乡建设部发布的《全国城镇体系规划》中也明确提出五大国家级中心城市——北京、上海、广州、天津、重庆，天津是被确定为这五大中心城市之一。显然，天津的经济发展潜力巨大，经济基础扎实，有实力支持天津建设成为生态城市建设的排头兵。

5.1.3　社会发展基础

目现天津市共有 13 个市辖区（其中市区含和平区、南开区、河东区、河西区、河北区、红桥区；滨海新区 ①；环城区含武清区、北辰区、宝坻区、西青区、津南区、东丽区）和 3 个市辖县（静海县、宁河县、蓟县）。截至 2018 年末，全市常住人口 1559.60 万人，年末全市户籍人口 1081.63 万人。常住人口（含外来人口 499.01 万人）中城镇人口 1296.81 万人，城镇化率为 83.15%。2018 年天津常住人口出生率 6.67‰，死亡率 5.42‰，自然增长率 1.25‰。

2018 年天津一般公共预算支出 3104.53 亿元。其中，社会保障和就业支出 504.08 亿元，增长 9.7%；教育支出 446.67 亿元，增长 3.3%；医疗卫生支出 192.55 亿元，增长 5.7%；住房保障支出 91.71 亿元，增长 43.1%。显然，伴随着近年来天津市对于社会保障和就业、教育、医疗卫生、文化传媒、城市基础设施建设和维护等改善民生支出的增长，天津基础设施建设及环境综合整治正在日益符合社会发展的需要。

同时，2018 年交通运输稳步发展，城市公共交通发展迅速，城市载体功能持续提升。全年货运量 53548.07 万吨（公路 34711.14 万吨，铁路 9247.70 万吨，水运 8260.94 万吨），比上年增长 1.0%；货物周转量 1984.28 亿吨公里（公路 404.10 亿吨公里，铁路 245.02 亿吨公里，水运 1326.60 亿吨公里），增长 2.3%；港口货物吞吐量 5.08 亿吨，增长 1.4%；集装箱吞吐量 1600.69 万标准箱，增长 6.2%。机场旅客吞吐量 2359.14 万人次，增长 12.3%；货邮吞吐量 25.87 万吨，下降 3.6%。截至 2018 年末，全市民用汽车保有量 298.69 万辆，其中私人汽车 250.14 万辆。目前全市地铁通车线路增加到 6 条，运营总里程达到 220 公里；城市交通路网持续完善后，天津市已经成为首批国家公交都市示范城市，2018 全年公共交通客运量 15.05 亿人

---

① 2009 年 11 月国务院正式批复滨海新区行政体制改革方案，撤销了天津市原塘沽区、汉沽区、大港区，设立天津市滨海新区，以原塘沽区、汉沽区、大港区的行政区域为滨海新区的行政区域。

次，其中轨道交通客运量 4.08 亿人次，增长 15.9%。截至 2018 年末，全市公路里程 16257 公里，其中高速公路 1262 公里。

5.1.4 城市环境质量状况

自 2002 年天津市开展创建"国家环境保护模范城市"的行动以来，陆续实施了"生态保护工程""污染防治工程""蓝天工程""碧水工程""安静工程"等环境保护和建设专项工程，使得全市环境空气质量、水环境等得到了一定的改善，并于 2006 年获得"国家环境保护模范城市"称号。截止到 2018 年天津市生态环境质量改善成效显著，大气、水环境质量创近年来最好水平，2018 年全市 PM2.5 平均浓度为 52 微克 / 立方米，同比下降 16.1%；地表水国家考核断面水质优良比例达到 40%，同比提高 5 个百分点。但是，观察近年来的主要环境指标数据，仍可以发现虽然城市环境质量有逐步改善的积极表现，但采暖期的二氧化硫排放、工业烟尘排放、地表水体污染等问题仍然严重。

（1）水质条件及污水处理状况

天津市城市饮用水源地水质状况良好，水质达标率基本上常年能实现 100%，全市南水北调中线曹庄子泵站为 Ⅱ 类水质，引滦供水期间，于桥水库为 Ⅲ 类水质，可以满足饮用水水源水质要求。2018 年近岸海域考核点位中，优良水质比例为 66.7%，同比增加 16.7 个百分点，优于国家 40% 的年度考核要求，并连续三年消除劣四类，主要监测指标无机氮、活性磷酸盐、石油类和化学需氧量浓度同比分别下降 14.4%、38.5%、63.6% 和 3.1%。但部分近海海域功能区也仍有相对较差的水质达标率现象。津河及水上公园的景观水质较好，卫津河、北运河及子牙河市区段景观水质一般，海河市区段、月牙河、新开河等受清淤和施工影响景观水质较差。

废污水排放量是指工业、第三产业和城镇居民生活等用水户排放的水量，天津目前废污水主要经北塘排水河和大沽排水河排入大海。2018 年全市污水年排放量 7.8581 亿吨（根据用水和耗水量推算），其中城镇居民生活废污水排放量 2.7935 亿吨（占比 36.6%），工业和建筑业废污水排放量 3.4764 亿吨（占比 44.2%），第三产业废污水排放量 1.5882 亿吨（占比 20.2%）。截至 2017 年天津污水处理厂共计 198 家，污水处理厂能力为 197.4 万吨 / 日，城镇污水集中处理率达 85% 以上，中心城区达 90% 以上，污水处理厂出水全部达到一级标准，2015—2017 年间主要废水排放情况可见表 5.6，可以看出工业废水排放量逐年下降，但由于生活污水排放量的增速较快，导致废水排放总量仍然有上升压力。

表 5.6　2015—2017 年间天津废水排放情况表

指　　标	2015	2016	2017
废水排放总量（万吨）	93008	91534	90790
工业废水排放总量（万吨）	18973	18022	18106
生活污水排放总量（万吨）	73972	73440	72579
集中式治理设施	63	72	105
化学需氧量（COD）排放总量[①]（吨）	209099	103331	92595
工业源	28058	11023	9041
城镇生活源	77944	77432	71559
农业源	102468	14749	11842
集中式治理设施	629	127	153
氨氮排放量（吨）	23844	15666	14220
工业源	3501	1139	620
城镇生活源	15190	14417	13433
农业源	5104	89	147
集中式治理设施	49	21	20
城市饮用水源地水质达标率（%）	100	100	100
近海海域功能区水质达标率（%）	31	51	50

资料来源：历年天津统计年鉴和中国环境年鉴，另指标说明[②]

---

① 化学需氧量（COD）是指用化学氧化剂氧化水中有机污染物时所需的氧量。COD 值越高，表示水中有机污染物污染越重。

② 2016 年起化学需氧量排放量及其分指标、氨氮排放量及其分指标、二氧化硫排放量及其分指标、氮氧化物排放量及其分指标、烟粉尘排放量及其分指标共 24 个指标数据按照环保部要求调整统计口径，变化较大。

（2）大气环境质量

近年来，天津大气环境质量有所改善，2018 年全市 PM2.5 平均浓度 52 微克／立方米，同比下降 16.1%；重污染天数 10 天，同比减少 13 天。相较于 2013 年，主要污染物中，二氧化硫、二氧化氮、PM10、PM2.5 以及一氧化碳浓度分别下降 79.7%、13.0%、45.3%、45.8% 和 48.6%。2015—2017 年间大气环境质量具体变化情况可见表 5.7。

表 5.7　2015—2017 年间天津大气环境质量情况表

指　标	2015	2016	2017
空气质量状况			
可吸入颗粒物（毫克／立方米）	0.116	0.103	0.094
二氧化硫（毫克／立方米）	0.029	0.021	0.016
二氧化氮（毫克／立方米）	0.042	0.048	0.050
空气质量达到及好于二级的天数（天）	220	226	209
环境空气质量优良率（%）	60.3	61.7	57.3
废气主要污染物排放情况			
二氧化硫排放量（吨）	185900	68452	55644
＃工业源	154605	54539	42324
城镇生活源	13767	13879	13308
集中式治理设施	128	34	12
氮氧化物排放量（吨）	246800	141559	142265
＃工业源	150210	85148	73250
城镇生活源	9516	8308	4390
机动车	49487	48008	64508
集中式治理设施	202	95	117
烟（粉）尘排放量（吨）	100686	78110	65191
工业源[①]	73795	57280	44480

---

① 工业源粉尘排放是指企业在生产工艺过程中排放的能在空气中悬浮一定时间的固体颗粒物排放量。如钢铁企业的耐火材料粉尘、焦化企业的筛焦系统粉尘、烧结机的粉尘、石灰窑的粉尘、建材企业的水泥粉尘等，但不包括电厂排入大气的烟尘。

续表 5.7

指　　标	2015	2016	2017
城镇生活源	21072	15223	14843
机动车	5769	5600	5858
集中式治理设施	50	7	10
工业废气排放总量①（亿标立方米）	8355	8099	9136

资料来源：历年天津统计年鉴和中国环境年鉴

（3）固体废物状况

天津近年来工业固体废物综合利用水平逐年上升，具体情况可参见表 5.8。特别是一般工业固体废物综合利用率从 1990 年的 62%、1995 年的 73%、2000 年的 89%，快速提高到 2005 年的 98.3%，此后就一直维持在 98% 以上的较高水平，既显现出生产工艺及利用效率的进步，也为生态城市建设奠定了技术条件。

表 5.8　天津固体废物处理状况表

指　　标	2015	2016	2017
一般工业固体废物产生量②	1546	1489	1495
一般工业固体废物综合利用量③	1524	1474	1479

① 工业废气排放量指报告期内企业厂区内燃料燃烧和生产工艺过程中产生的各种排入大气的含有污染物的气体的总量，以标准状态（273K，101325Pa）计算。测算公式为：工业废气排放量 = 燃料燃烧过程中废气排放量 + 生产工艺过程中废气排放量。

② 一般工业固体废物产生量指报告期内企业在生产过程中产生的固体状、半固体状和高浓度液体状废弃物的总量，包括危险废物、冶炼废渣、粉煤灰、炉渣、煤矸石、尾矿、放射性废物和其他废物等。

③ 一般工业固体废物综合利用量指报告期内企业通过回收、加工、循环、交换等方式，从固体废物中提取或者使其转化为可以利用的资源、能源和其他原材料的固体废物量（包括当年利用往年的工业固体废物贮存量），如用作农业肥料、生产建筑材料、筑路等。

指　标	2015	2016	2017
一般工业固体废物综合利用率（％）①	98.58	98.99	98.93
一般工业固体废物处置量	21.53	15.04	19.97
一般工业固体废物处置率（％）	1.01	1.01	1.01
危险废物产生量	12.57	15.93	24.38
危险废物综合利用量	3.15	3.25	3.17
危险废物处置量	9.43	12.68	21.13

资料来源：历年天津统计年鉴和中国环境年鉴

（4）声环境状况

天津声环境质量逐年小幅度改善，2018 年市居住区、混合区、工业区及交通干线两侧区域昼、夜间等效声级年均值均未超过国家标准。全市建成区区域环境噪声昼、夜间平均声级分别为 54.5 分贝和 46.5 分贝；全市建成区道路交通噪声昼、夜间平均声级分别为 65.7 分贝和 57.5 分贝。2015—2017 年间声环境质量具体数据可见表 5.9，由此可见，天津市城区声环境压力仍然存在。

表 5.9　2015—2017 年城市区域环境噪音表

指　标	2015	2016	2017
道路交通噪声平均声级②（分贝）	67.7	65.7	65.7
中心城区区域环境噪声平均声级（分贝）	54.2	54.0	53.9

资料来源：历年天津统计年鉴和中国环境年鉴

---

① 一般工业固体废物综合利用率指工业固体废物综合利用量占工业固体废物产生量（包括综合利用往年贮存量）的百分率。计算公式为：工业固体废物综合利用率＝工业固体废物综合利用量/（工业固体废物产生量＋综合利用往年贮存量）100%，其中工业固体废物贮存量是指报告期内企业以综合利用或处置为目的，将固体废物暂时贮存或堆存在专设的贮存设施或专设的集中堆存场所内的数量。

② 噪声等效声级（简称 LEQ）指在规定的时间内，某一连续稳态声的 A〔计权〕声压，具有与时变的噪声相同的均方 A〔计权〕声压，则这一连续稳态声的声级，就是此时变噪声的等效声级。噪声等效声级（分贝）数值越小越好。

5.1.5 天津区域经济综合竞争力的表现

近些年来天津城市发展稳中有升迅速，在国内经济综合竞争力排名上一直保持较前位次，体现出了城市发展的强劲潜力。如 2009 年 10 月 31 日在北京钓鱼台国宾馆举行的 2009 中国特色魅力城市百强高峰论坛上公布的"共和国六十年中国最具投资潜力城市"名单是：北京、上海、天津、重庆、香港、台北、高雄、深圳、广州等，天津位居前三。且根据中国社会科学院《2010 年中国城市竞争力蓝皮书》显示，2009 年中国最具竞争力的前十名城市依次是：香港、深圳、上海、北京、台北、广州、天津、高雄、大连、青岛，天津市也位居较前的第七位。根据中国社会科学院和经济日报社共同发布的 2017 年综合经济竞争力指数十强城市依次是：深圳、香港、上海、台北、广州、北京、天津、苏州、南京、武汉。此外，就 2018 年中国城市竞争力报告显示，综合经济竞争力排名依次是深圳、香港、上海、广州、北京、苏州、南京、武汉、台北、东莞、无锡、佛山、成都、澳门、新北、天津、厦门、常州、杭州等，显然天津综合经济实力排名虽有下降，但也仍居于相对前位。总之，根据近年来各机构所列出的天津市经济竞争力排名，可以看出天津生态、经济、社会、文化等层面的基本状况，也能够更深入了解天津市目前优势与劣势的主要表现，进而为天津生态城市建设的侧重方向与策略选择提供指导性方向。

§5.2　天津生态城市建设现状

天津市早在 1999 年的城市总体规划中，就体现出了要建设生态城市的思想，此后在 2001 年出台的天津市"十五"规划中更是直接明确地对生态城市建设的思路、目标加以文字落实，可以说近年来天津在生态城市建设方面早已经开始逐步进行，且目前已取得一定的建设成效。

5.2.1 天津城市发展定位

根据国务院 2006 年批复的《天津市城市总体规划（2005—2020 年）》，规划指出作为环渤海地区经济中心之一的天津市，将以滨海新区的开发开放为新契机，逐步将全市建设成为经济繁荣、社会文明、设施完善、科教发达、生态环境优美宜居的国际化港口城市、北方经济中心和生态型城市。此后，市政府还于 2008 年 12 月出台专项文件决定，在 3 年时间投入 165 亿元生态城市建设资金，建设完成 149 项重点生态修复工程，其中水环境改善项目 99 项（投资约 95.69 亿元）；空气质量改善工程 27 项（投资约 30.77 亿元）；提升固体废物综合利用水平的重点工程 7 项（投资约 8.98 亿元）；城市生态环境修复的重点工程 10 项（投资约 11.67 亿元）；加强农村环境污染防治方面的工程 4 项（投资约 14.9 亿元）；提高天津环境管理能力的工程 2 项（投资约 3.13 亿元），以此使天津市全面实现"天更蓝、水更清、地更绿"的城市生态美景。总之，近年来在天津城市发展总体规划中已明确提出，要加大加快生态修复任务，最终实现确保城市中心区和滨海新区的主要生态指标能够率先达到国家对生态城市建设要求的发展定位。

此外，在"绿色产业发展与工业革命一样重要""绿色产业将是未来经济发展的良好机会"等理念支持下，2009 年 10 月联合国基金会也提出将帮助天津建设生态城市，并提出要在天津建立联合国低碳经济中心的设想。

5.2.2 天津生态城市建设指标分析

依据国家生态城市指标体系结构，2008 年天津市政府结合本市实际情况，在《2008—2010 年天津生态市建设行动计划》中明确给出了天津生态市建设评价指标体系及 2010 年与 2015 年阶段性目标值（见表 5.10），此后又由天津市人民政府印发了《2011—2013 年天津生态市建设行动计划》《天津市推进智慧城市建设行动计划（2015—2017 年）》《天津市打赢蓝天保卫战三年作战计划（2018—2020 年）》等相关文件，这一系列文件均为 2020 年将天津将建成"生态城市"这一总目标而服务，并为实现《天津市城市总体规划

（2005—2020 年）》中所提出的构建"天津市成为环渤海地区的经济中心，成为国际港口城市、北方经济中心和生态城市"提供有力保障。

表 5.10　天津生态市建设指标体系与阶段目标

类别	序号	指标名称		国家指标值	2010 年目标值	2015 年目标值
经济发展	1	农民年人均纯收入（元 / 人）		≥ 8000	≥ 11800	≥ 18700
	2	第三产业占 GDP 比例（%）		≥ 40	≥ 42	≥ 40
	3	城市单位 GDP 能耗（吨标煤 / 万元）		≤ 0.9	≤ 0.89	≤ 0.9
	4	单位工业增加值新鲜水耗 农业灌溉水利用系数（m³/ 万元）		≤ 20 ≥ 0.55	≤ 20 ≥ 0.7	≤ 20 ≥ 0.7
	5	应当实施强制性清洁生产企业通过验收的比例（%）		100	≥ 20	100
环境保护	6	森林覆盖率（%）				
			山区	≥ 70	≥ 70	≥ 70
			平原地区	≥ 15	≥ 15	≥ 15
			滨海地区	≥ 6	≥ 6	≥ 6
	7	湿地占国土面积比例（%）		≥ 15	≥ 15	≥ 15
	8*	受保护地区占国土面积比例（%）		≥ 17	≥ 10	≥ 17
	9	城市空气质量		达到功能区标准	全年好于或等于 2 级标准的天数 > 310 天	达到功能区标准
	10	水环境质量		达到功能区标准，且城市无劣 V 类水体	达到功能区标准	达到功能区标准，且无劣 V 类水体
	11	主要河流年水消耗量	市域主要河流（%）	< 40	< 40	< 40
			跨省河流（%）	不超过国家分配水资源量		
	12*	地下水超采率		0	< 20	0
	13	主要污染物排放强度				
			二氧化硫（千克 / 万元 GDP）	< 5.0	< 5.0	< 5.0
			化学需氧量 COD（千克 / 万元 GDP）	< 4.0	< 4.2	< 4.0
				不超过国家主要污染物排放总量控制指标		

类别	序号	指标名称	国家指标值	2010年目标值	2015年目标值
环境保护	14	集中式饮用水源水质达标率（%）	100	100	100
	15	城市污水集中处理率（%）	≥85	≥85	≥90
		工业用水重复率（%）	≥80	≥90	≥92
	16	噪声环境质量	达到功能区标准	一、二类功能区达标	达到功能区标准
	17	城镇生活垃圾无害化处理率（%）	≥90	≥90	≥90
		工业固体废物处置利用率（%）	≥90	≥98	≥98
	18	城镇人均公共绿地面积（m²/人）	≥11	≥10	≥11
	19	环境保护投资占GDP的比重（%）	≥3.5	≥2.0	≥3.5
社会进步	20	城市化水平（%）	≥55	≥80	≥80
	21	采暖地区集中供热普及率（%）	≥65	≥85	≥90
	22*	信息化综合指数（%）	≥80	达到全国领先水平	达到领先水平
	23*	公共交通分担率（%）	≥30	≥25	≥30
	24	公众对环境满意率（%）	＞90	＞90	＞90

注：带*号的为天津市增加的指标

根据天津统计年鉴及环境公报等公布的相关统计数据可以看出，由于天津市近年来对于城市环境保护项目中的各个项目重视程度较高，收效显著，大部分指标已达到2008年国家对于生态城市建设指标的基本标准要求（如城市空气质量、水环境质量、主要污染物排放强度、集中式饮用水源水质达标率、城市污水集中处理率、工业用水重复率、城镇生活垃圾无害化处理率、工业固体废物处置利用率），而森林覆盖率、受保护地区占国土面积比例、人均公共绿地面积等距离国家标准还有一定距离；但是对生态城市发展基础的经济发展指标而言，明显存在较大不足，如人均收入、第三产业占GDP比例、单位工业增加值新鲜水耗等指标与国家标准及天津城市规划要求都存在差距，而与北京市、青岛市等地的指标值进行比较，则会看到更明显的差距。因此，目前在构建天津生态城市的过程中，对于发展高效、环保的经济体系是建设的重点与难点。

5.2.3 天津城市生态文明程度及国内比较

自 2005 年中央人口资源环境工作会上提出要"建设资源节约型、环境友好型社会"开始，此后党的十七大报告也提出要"建设生态文明，基本形成能源资源和保护生态环境的产业结构、增长方式、消费模式。"而实现"资源节约、环境友好与社会经济发展并进的两型社会"的关键在于提高生态效率。因此，通过定义及计算生态效率来判断经济发展的生态文明水平 ①成为一种重要的技术手段，并成为可持续发展观下科学评判城市生态化建设程度的一个参考依据。

5.2.3.1 生态文明水平的测度

生态文明水平的测度公式表现为：EEI= 地区 GDP/ 地区生态足迹，即 EEI 为单位生态足迹对应的地区产值。其中，生态足迹等于生产所消费的所有资源和吸纳其废弃物所需要的有用土地的面积。由于 EEI 是由具有普遍公认性的 GDP 和生态足迹两个指标合成，计算相对方便，也易于应用，所以是一个较合适且能够表示经济发展的综合生态文明程度的指标。从公式上也可以看出，EEI 与地区 GDP 成正比关系，即在生态足迹一定条件下，地区GDP 越高生态文明水平越大；同时 EEI 与生态足迹成反比关系，即在地区生产总值一定的情况下，生态足迹越小生态水平越高。

根据地区 GDP 和地区生态足迹的数据来源，可以推导出影响地区生态文明水平的因素包括了地区 GDP、人口规模、劳动生产率、第三产业产值比、城市化水平、经济活动能耗、人均生态足迹等众多内涵。如在其他条件给定时，地区人口及经济规模越大，地区人均 GDP 和劳动生产率以及第三产业占 GDP 的比率越高，EEI 就会越高；且 EEI 与城市化水平是密切正相

---

① 生态文明水平即生态效率（缩写为 EEI），其概念源自 20 世纪 90 年代经济发展与合作组织和世界可持续发展商业委员会的研究及政策文件，广义上生态文明水平就是指生态资源用于满足人类需要的效率，其本质就是以更少的生态成本获得更大的经济产出，目前国际上常将其作为企业和地区提高竞争力的重要手段。

关的；但 EEI 与万元 GDP 能耗，以及单位工业增加值能耗是呈显著负相关的；同时在经济产出给定时地区人均的生态足迹越大（即人均消耗的能源和对环境的影响较大），EEI 就会越小。

对于我国生态文明水平的测度结果，近期具有典型代表性的有 2009 年杨开忠[①] 对我国各省区市生态文明发展现状的研究成果《中国生态文明地区差异研究》，其在课题研究中通过对大量数据的详尽测算，最终对全国主要的 30 个省市自治区的生态文明水平进行了排序，其中：①在全国平均水平线以上的顺序为：北京、上海、广东、浙江、福建、江苏、天津、广西、山东、重庆、四川、江西、河南、湖南；②在全国平均水平线以下的顺序为：湖北、海南、安徽、陕西、黑龙江、吉林、青海、河北、辽宁、新疆、云南、甘肃、内蒙古、贵州、宁夏、山西。（注：西藏自治区因数据不足除外。）

5.2.3.2 天津城市生态文明水平的国内地位

鉴于天津市 EEI 处于我国生态文明水平较高的集中连片区域（京津区、黄河下游沿岸区、江南丘陵及华东华南沿海区、渝川区）之一，同时天津市 EEI 在 2009 年生态文明水平排序中位列第七，可以说尽管天津与北京、上海有较大差距，但仍远高于全国平均水平，地区生态文明水平在国内可以算是相对较好的。但是，由于我国目前除青海外所有其他地区生态足迹均大于生态承载力——即普遍存在明显的生态赤字，因此全国生态压力巨大，而天津市同样也不例外，如引用 2008 年刘芳计算的天津市各项生态足迹值（如表 5.11 所示）和 2018 年李凤婷计算的天津市的人均生态足迹（如表 5.12 所示）为例，能够很明显地看出天津城市建设仍然面临着巨大的生态压力。

同时，由于在生态足迹的构成中能源地占到 71% 左右，可耕地和草地占到 18%，可见经济活动对自然生态造成冲击的最大力量是能源的消耗，要降低某地区的生态足迹最主要的途径就是要降低该地区单位经济产出的能源消耗量，提高能源利用效率。因此天津市必须利用技术创新降低能耗，在发展循环经济的同时，提高地区经济发展水平和能源利用效率，促使天津市生态文明水平趋于不断地改善，进而为天津生态城市建设服务。

---

① 国家社科基金重大项目"新区域协调发展与政策研究"课题组负责人。

表 5.11 天津 2000—2006 年生态足迹及生态赤字状况表[①]

	2000	2001	2002	2003	2004	2005	2006
人均生态足迹 hm²	2.1568	2.2824	2.4326	2.6434	2.8188	2.9231	2.2927
万元 GDP 生态足迹	1.1284	1.0688	0.9543	0.8698	0.7951	0.7209	2.037
人均生态协调系数[②]	1.1819	1.1906	1.1923	1.1846	1.1779	1.1683	1.1611
生态赤字	1.5752	1.6850	1.7779	1.9203	2.1104	2.2861	2.3978

表 5.12 天津 2007—2016 年人均生态足迹状况表[③]

(hm²/ 人)

	耕地	牧草地	林地	水域	化石能源用地	建筑用地	合计
2007	0.1224	0.2438	0.0110	0.3518	2.7882	0.0184	3.5356
2008	0.1188	0.2474	0.0101	0.3455	2.7631	0.0185	3.5034
2009	0.1206	0.2454	0.0105	0.3358	2.8346	0.0197	3.5665
2010	0.1180	0.2392	0.0098	0.3204	2.8071	0.0088	3.5031
2011	0.1163	0.2268	0.0095	0.3137	2.9135	0.0088	3.5887
2012	0.1107	0.2246	0.0088	0.3117	2.9377	0.0095	3.6031
2013	0.1112	0.2186	0.0076	0.3268	2.9273	0.0099	3.6013
2014	0.1076	0.2143	0.0084	0.3246	2.7910	0.0100	3.4560
2015	0.1052	0.2083	0.0086	0.3130	2.6516	0.0105	3.2972
2016	0.1041	0.2033	0.0083	0.3070	2.5916	0.0107	3.2250

5.2.4 中新天津生态城项目

2007 年 11 月 18 日中新两国政府签署了关于在中国天津建设生态城的框架协议，两国政府协议成立联合投资的合资公司，注册资本 30 亿元，拟

---

① 刘芳.基于生态足迹模型的天津市可持续发展综合评价研究 [D].天津师范大学，2008.

② 人均生态协调系数 DS＝（人均生态足迹＋人均承载力）/（人均生态足迹 ²＋人均承载力 ²)$^{0.5}$，判断依据为值越接近 1 协调性越差，越接近 1.414 协调性越好。

③ 李凤婷.基于生态足迹模型的天津市可持续发展研究 [J].资源节约与环保，2018(11).

将在天津滨海新区建设一个社会和谐、环境友好、资源节约的生态城示范区项目，并使其成为中国其他城市可持续发展的可行的样板。

位于汉沽和塘沽两区之间的中新生态城面积 30 平方公里，根据协议要求其建设必须在有利于增强自主创新能力的基础上，发展具有自主知识产权的适用技术，进而实现节地节水、资源循环利用、生态保护与修复、社会和谐、绿色消费和低碳排放等理念及城市生态化目的。此外，按照建设分工，中方联合体（天津生态城投资开发有限公司）负责供电、供热、燃气、通信等市政基础设施、公益性设施和生态环境建设；新方联合体① 负责雨水收集回用、中水处理利用、海水淡化使用和道路建设，进而最大限度地发挥各自技术优势，相互补充。

2008 年 1 月中新双方就生态城指标体系达成一致意见，并于 2008 年 1 月 31 日由生态城联合工作委员会组织在天津召开第一次会议，审议并通过了中新天津生态城指标体系，明确了后续工作计划，也标志着生态城建设实质性的启动。这一指标体系包括定量指标和引导性指标两大类，定量指标包括生态环境健康、社会和谐进步、经济高效循环三类及 8 大项，涵盖了清洁能源使用、公共交通承载力、水环境和饮水系统、废弃物的循环利用、城区绿化系统、城市道路系统布局、社区管理系统、文教卫生和科研环境等方面内容；而引导性指标包括了自然生态、区域政策、社会文化、区域经济 4 个协调性指标层（详见表 5.13）。此后经过一年多的努力，生态城指标体系分解方案也于 2010 年 5 月顺利在中新天建生态城联委会第五次会议上通过，而这也是国内首套具有自主知识产权的生态城市指标分解实施体系，同时是目前中国乃至世界上第一部全面阐述生态城市规划建设、生态环境、经济和社会发展的规范性指南。更新的中新天津生态城指标体系在传统的城市规划指标基础上，着重突出了资源环境方面的内容，如要求可再生能源使用率达到 20%，单位 GDP 碳排放强度低于 150 吨碳／百万美元，绿色建筑比例达到 100%、绿色出行所占比例到 2020 年不低于 90%、垃圾回收利用率达到 60% 等指标要求，而这些要求实际上均远高于我国及发达国家主要城市水平。同时，中新天津生态城于 2010 年 1 月开始动工兴建一个面积约 130 公

---

① 新方联合体主要由吉宝集团、卡塔尔投资顾问公司组成。

项的产业园，这个产业园不仅建筑要达到绿色标准，且要求入驻的企业必须是清洁环保型企业，因此被认为将是中国首个全方位生态产业园。2010 年 4 月根据天津市电力公司与中新天津生态城管委会签订共建智能电网协议，标志着中新天津生态城智能电网综合示范工程全面启动建设，未来在天津滨海新区中新生态城给汽车充电将会像现在给汽车加油一样方便。而该中新天津生态城智能电网综合示范工程还包括了一系列数字化、网络化、标准化和安全化的智能发电、智能输电、智能变电、智能配电、智能用电、智能调度等功能的应用项目，以及搭建为电网智能化运行的控制中心、动态多维虚拟化的可视平台系统等内容。

表 5.13 2008 年中新生态城指标体系

	一级指标	二级指标	三级指标
定量指标	生态环境健康	自然环境良好	区内城市空气质量、区内水体环境质量、水喉水达标率、功能区噪声达标率、单位 GDP 碳排放强度、自然湿地净损失
		人工环境协调	绿色建筑比例、本地植物指数、人均公共绿地
	社会和谐进步	生活模式健康	日人均生活水耗、日人均垃圾产生量、绿色出行所占比例
		基础设施完善	垃圾回收利用率、步行 500 米范围有免费文体设施的居住区比例、危废与生活垃圾（无害化）处理率、无障碍设施率、市政管网普及率
		管理机制健全	经济适用房、廉租房等占本区住宅总量的比例
	经济蓬勃高效	经济发展持续	可再生能源使用率、非传统水源利用率
		科技创新活跃	每万劳动力中 R&D 科学家和工程师全时当量
		就业综合平衡	就业住房平衡指数
定性指标	自然生态协调	生态安全健康、倡导绿色消费低碳运行	
	区域政策协调	创新政策先行、联合治污政策到位	
	社会文化协调	河口文化特征突出	
	区域经济协调	循环产业互补	

此后，天津中新生态城在围绕建设"五个现代化天津"和创建"繁荣宜居智慧的滨海城市"等目标下每年制定相应的"年度建设计划"，并逐步为大力发展集聚经济、开放经济、智能经济，以及成为国际合作示范区、国家

绿色发展示范区、产城融合示范区等建设任务而不断努力。如根据 2018 年发展规划要求，其要推进被动式节能房建设，继续开发应用可再生能源，实现多类型可再生能源统筹联动；建成水资源循环利用体系，打造"海绵城市"建设示范样本；借鉴新加坡"智慧国"建设经验，构建智慧交通体系智能化服务等一系列符合当前经济发展新需求的各项建设内容[①]。

　　总之，中新生态城项目是一个系统的综合工程，最终目的是要创建一个人与自然社会和谐共处的人类宜居的生态城市。为此其坚持体制机制的创新和先行先试，持续推进各项综合配套改革试验，并已逐步完成了生态城指标体系的设计，目前正在大力推动产业园、生态居住社区等项目的建设，可以看出中新合作建设的生态城项目是对构建资源节约、环境友好、经济高效、社会和谐的城镇发展新格局的积极探索，有利于为天津开拓资源节约和环境友好的新型城市发展道路积累有益的经验，并能够为其他新型城市生态化建设和城市管理模式提供生动、可行的示范和借鉴。

§5.3 天津市的产业发展现状

5.3.1 天津三次产业发展的综合分析

　　（1）就三次产业产值总量而言，近年来随着天津市生产总值的持续快速增长，三次产业产值也相应以不同程度在总量上有所提升（如表 5.14 所示），特别是第二、三产业产值 2018 年分别达到 7609.81 亿元（增长 1.0%）和 11027.12 亿元（增长 5.9%），三次产业结构为 0.9:40.5:58.6，且第三产业比重明显加大，表现出强劲的经济发展规模与实力。

---

① 相关信息来源于中国网·滨海高新资讯与中新天津生态管理委员会官网。

表 5.14　2000—2018 天津市三次产业产值情况表

（单位：亿元）

年份	全市生产总值	第一产业产值	第二产业产值	工业①	建筑业	第三产业产值
2000	1701.88	73.69	863.83	785.96	77.87	764.36
2001	1919.09	78.73	959.06	869.15	89.91	881.30
2002	2150.76	84.21	1069.08	968.44	100.64	997.47
2003	2578.03	89.91	1337.31	1217.88	119.43	1150.82
2004	3141.35	105.28	1708.02	1571.42	136.60	1328.05
2005	3947.94	112.38	2165.83	1988.23	177.60	1669.73
2006	4518.94	103.35	2497.92	2301.70	196.22	1917.67
2007	5317.96	107.47	2941.83	2710.25	231.58	2268.66
2008	6805.54	116.60	3776.90	3484.72	292.18	2912.04
2009	7618.20	119.53	4063.96	3696.46	367.50	3434.71
2010	9343.77	131.71	4937.50	4505.67	431.83	4274.56
2011	11461.70	141.10	6058.88	5558.00	500.88	1917.67
2012	13087.17	147.90	6828.04	6282.56	545.48	2268.66
2013	14659.85	154.79	7460.06	6864.65	628.01	2912.04
2014	15964.54	158.82	7933.53	7271.68	696.08	3434.71
2015	16794.67	162.31	7918.10	7196.54	740.31	4274.56
2016	17837.89	168.46	7571.35	5558.00	500.88	10098.08
2017	18549.19	168.96	7593.59	6282.56	545.48	10786.64
2018	18809.64	172.71	7609.81	6962.71	663.38	11027.12

资料来源：历年天津统计年鉴、天津市国民经济和社会发展统计公报

---

① 根据国家统计局的指标说明，工业是指从事自然资源的开采，对采掘品和农产品进行加工和再加工的物质生产部门。具体包括：(1)对自然资源的开采，如采矿、晒盐等；(2)对农副产品的加工、再加工，如粮油及食品加工、纺织、制革等；(3)对采掘品的加工、再加工，如钢铁冶炼、化工生产、石油加工、机器制造、木材加工等，以及电力、自来水、煤气的生产和供应等；(4)对工业品的修理、翻新，如机器设备的修理、交通运输工具的修理等。

（2）就三次产业产值的增长速度而言，根据同比价格计算获得的天津GDP增速与三次产业的增速（详见表5.15）比较来看，增速最快、与GDP增速一致性最强的早期是第二产业，且波动相对较大的天津市第二产业增速均高于同期GDP增速，显然第二产业曾经是拉动天津经济快速发展的重要因素，但是从数据走势来看，自2014年开始第二产业增速开始低于第三产业增速，说明天津市产业结构开始发生变化；而早期第三产业增速虽略低于GDP增速，但两者间数值还是比较接近，由此可知第三产业同样是带动天津经济发展的重要力量，特别是自2010年前后第三产业增速有明显上升现象，说明天津第三产业有较强的发展潜力并且在不断地体现出来；就第一产业而言，天津第一产业增速常年大幅低于GDP增速，虽然其增速变动较平缓，也明显与GDP增速变动存在不一致性，但也说明作为保障居民生存基础的第一产业发展具有一定稳定性。总之，可以说伴随着近年来国内国际经济发展动态以及天津产业布局的优化过程，虽然天津市三次产业增速已然普遍下滑，但天津市第三产业增速明显高于GDP增速，说明极具活力的第三产业的新发展仍然潜力巨大。

表5.15　2000—2018年天津市三次产业增速情况表

（单位：%）

年份	2000	2005	2010	2011	2012	2013	2014	2015	2016	2017	2018
GDP增速	10.8	14.5	17.4	16.4	13.8	10.5	10	9.3	9.0	3.6	3.6
第一产业增速	3.0	4.3	3.3	3.8	3.0	3.7	2.8	2.5	3.0	2.0	0.1
第二产业增速	11.5	17.5	20.2	18.3	15.2	12.7	9.9	9.2	8.0	1.0	1.0
第三产业增速	10.7	11.4	14.2	14.6	12.4	12.5	10.2	9.6	10.0	6.0	5.9

资料来源：历年天津市国民经济和社会发展统计公报，数据为与上年同比数据

（3）就三次产业结构而言，天津产业发展的总量结构可以以天津市生产总值构成表（见表5.16）中的数据所显示的结构进行分析，可以看出天津常年来第二、三产业发展迅速且占绝对比重，其中第二产业比重从2008年以后，比重值一改过去高比重状态而开始下降，并直降至2014年基本与第三产业比重持平，由此也将天津产业格局从原来的"二、三、一"格局提升至目前的"三、二、一"格局，进而体现出第三产业强劲的发展潜力。

表 5.16　1980—2018 年天津市生产总值构成表

（单位：%）

年份	全市生产总值	第一产业	第二产业	工业	建筑业	第三产业
1980	100	6.3	70.1	65.2	4.9	23.6
1985	100	7.4	65.4	59.6	5.8	27.2
1990	100	8.8	58.3	53.2	5.1	32.9
1995	100	6.5	55.7	50.2	5.5	37.8
2000	100	4.3	50.8	46.2	4.6	44.9
2001	100	4.1	50.0	45.3	4.7	45.9
2002	100	3.9	49.7	45.0	4.7	46.4
2003	100	3.5	51.9	47.3	4.6	44.6
2004	100	3.3	54.4	50.0	4.3	42.3
2005	100	2.8	54.9	50.4	4.5	42.3
2006	100	2.3	55.3	50.9	4.3	42.4
2007	100	2.0	55.3	51.0	4.4	42.7
2008	100	1.7	55.5	51.2	4.3	42.8
2009	100	1.6	53.3	48.5	4.8	45.1
2010	100	1.4	52.8	48.2	4.6	45.8
2011	100	1.2	52.9	48.5	4.4	45.9
2012	100	1.1	52.2	48.0	4.2	46.7
2013	100	1.1	50.9	46.8	4.3	48.0
2014	100	1.0	49.7	45.5	4.4	49.3
2015	100	1.0	47.1	42.9	4.4	51.9
2016	100	0.9	42.4	38.1	4.4	56.7
2017	100	0.9	40.9	37.0	4.0	58.2
2018	100	0.9	40.5	37.0	4.0	58.6

资料来源：历年天津统计年鉴，天津市国民经济和社会发展统计公报

（4）就三次产业对经济增长的贡献程度而言，天津三次产业对经济增长的贡献程度可通过三次产业贡献率[①]（见表 5.17）所示，可以看出 2016 年前

[①]　产业贡献率指各产业增加值增量与 GDP 增量之比。

第二产业曾经长期对天津经济增长的贡献值最大，且最低也为52.9%，最高是2004年的67%。但是，从2016年开始第三产业产业增加值超过第二产业增加值，并快速上升，这既是天津市进行优化产业结构的调整结果，也是天津市结合地域特点，适应国家可持续发展、绿色发展战略要求的体现。因此，可以说目前第三产业已然成为天津经济发展的主要动力，且第二产业在原有基础上也对天津经济发展起着一定的支持力量。

表5.17 2000—2017年天津三次产业贡献率表

（单位：%）

年份	全市生产总值	第一产业	第二产业	工业	第三产业
2000	100	1.8	61.9	61.6	36.3
2001	100	2.3	54.2	48.8	43.5
2002	100	2.0	57.8	53.4	40.2
2003	100	1.5	63.1	59.2	35.4
2004	100	1.1	67.0	66.5	31.9
2005	100	0.9	65.6	62.0	33.5
2006	100	0.6	60.3	55.1	39.1
2007	100	0.2	59.5	56.4	40.3
2008	100	0.4	61.3	58.8	38.3
2009	100	0.4	62.0	58.5	37.6
2010	100	0.3	66.7	63.8	33.0
2011	100	0.4	58.9	56.6	40.7
2012	100	0.3	59.2	56.6	40.5
2013	100	0.3	52.9	50.9	46.8
2014	100	0.3	53.5	50.4	46.2
2015	100	0.3	53.3	50.2	46.4
2016	100	0.3	43.2	39.7	56.5
2017	100	0.7	13.8	26.9	85.5

资料来源：历年天津统计年鉴

（5）就对三次产业的投资而言，从天津城镇固定资产投资及新增固定资产投资结构数据（见表5.18）和各产业投资占比情况（见表5.19）可以看出，近年来天津对各产业投资额长期保持持续增加的态势。其中，从数值规模上看投资额最高的是对第三产业的投入，对第一产业投资总额相对最少，但近年来对第一产业投资有明显增速，而诱因是有大量资金投向设施农业和养殖示范园区建设，显现出天津对新农业发展的重视，同时对第三产业的新增投资也是较高的，因此使其快速成为投资总额最高的产业以及投资占比中投资力度最大的部分，可以说近年来天津市为大力发展第三产业，明显对其加大了投资力度。

表 5.18 天津城镇固定资产投资及新增固定资产投资结构表

（单位：亿元）

年份	2000	2005	2010	2014	2015	2016	2017
固定资产投资	535.04	1385.56	6114.35	10986.50	12359.01	11223.52	11274.69
第一产业投资额	0.98	5.05	45.74	75.50	94.91	243.91	262.22
第二产业投资额	248.38	542.94	2704.04	4841.71	5093.47	3295.17	3475.80
第三产业投资额	285.68	837.58	3364.57	6069.29	7170.63	7684.44	7536.67
新增固定资产	376.80	724.87	2994.13	5965.86	7526.48	6964.22	6690.16
第一产业新增	0.64	4.17	24.44	69.94	85.63	202.05	189.34
第二产业新增	137.92	292.05	1419.02	2726.32	3157.14	2348.16	2062.42
第三产业新增	238.25	428.66	1550.67	3134.6	4283.71	4414.01	4438.40

表 5.19 天津市对三次产业投资的比重表

（单位：%）

年份	2000	2005	2010	2014	2015	2016	2017
固定资产投资	100	100	100	100	100	100	100
第一产业投资比重	0.18	0.36	0.75	0.69	0.77	2.17	2.33
第二产业投资比重	46.42	39.19	44.22	44.07	41.21	29.36	30.83
第三产业投资比重	53.39	60.45	55.03	55.24	58.02	68.47	66.85
新增固定资产	100	100	100	100	100	100	100
第一产业新增比重	0.17	0.58	0.82	1.17	1.14	2.9	2.83
第二产业新增比重	36.6	40.29	47.39	45.7	41.95	33.72	30.83
第三产业新增比重	63.23	59.14	51.79	52.54	56.92	63.38	66.34

资料来源：历年天津统计年鉴与天津市国民经济和社会发展统计公报

（6）就对三次产业的能源使用情况而言，从天津能源使用结构表（见表5.20）可以看出，近年来天津第一产业、第三产业与居民生活消费对能源的使用基本保持持续较为平稳的态势；而第二产业除了行业自身有高耗能的特点以外，过去由于在天津经济结构中比重较高的原因，使得其对能源的使用量逐年上升，但近两年来也开始有所下降。因此，可以说在天津经济发展中对工业能源使用效率及使用过程中产生污染物的问题仍然是制约天津生态城市建设的一个重要命题。

表5.20　1990—2017年天津能源终端消费量表

（单位：万吨标准煤）

年份	能源终端消费量	第一产业	第二产业	第三产业	生活消费
1990	1961.58	64.12	1320.02	365.11	212.33
1995	2539.46	69.30	1773.03	478.40	218.73
2000	2553.60	58.17	1570.08	635.23	290.12
2005	3496.31	62.79	2387.19	585.46	460.87
2010	5860.20	78.19	4229.19	881.82	671.01
2011	6551.11	87.38	4834.50	932.94	696.29
2012	7054.97	94.20	5161.27	1016.81	782.69
2013	7694.82	99.20	5647.54	1104.01	844.07
2014	7955.00	101.42	5794.56	1163.80	895.22
2015	8078.04	105.05	5721.45	1237.85	1013.69
2016	8041.43	109.68	5562.62	1309.13	1060.00
2017	7818.72	116.68	5244.92	1354.36	1102.76

资料来源：历年天津统计年鉴

5.3.2 天津产业发展的主要行业分析

（1）现代农业的发展状况

近年来天津市的现代都市型农业发展迅速，除了农业生产总值、财政收入、农民人均纯收入等指标持续增长以外，农业科技化、产业化水平同样连年提高，如2018全年农业总产值391.00亿元。其中，种植业产值187.75

亿元、林业产值 12.73 亿元、畜牧业产值 96.45 亿元、渔业产值 80.40 亿元、农林牧渔服务业产值 13.67 亿元。天津市已出台乡村振兴战略规划，搭建产业发展、改革创新、民生保障、环境建设、乡村治理、政策支持"六大体系"，具体如通过启动实施小站稻振兴计划等建设任务，保障了菜肉蛋奶等主要"菜篮子"供给充足。

就种植业而言，在推进种植结构的优化过程中，优质作物种植面积已占农作物总面积的 80% 以上，并建成蓟县、宝坻、武清优质粮，武清、宁河、蓟县无公害菜，静海、大港、汉沽优质果等优势农产品产业区、产业带，且以普通塑料大棚、钢（复合）骨架大棚、普通温室、新型节能日光温室、智能温室等设施农业促进了农业增效和农民增收。对于畜牧业、渔业的发展而言，目前畜牧业和渔业生产总值已占农业总产值半数比重，属于带动农民提高收入的重要手段之一。天津近年来主要大力提倡设施化、标准化、规模化的高水平生产基地——示范园区的建设，如现代畜牧业示范园区、优势水产品养殖示范园区、生猪、奶牛、肉鸡和蛋鸡种业基地等。同时，田园综合体、现代农业产业园、共享农庄等新业态也发展迅速，截止到 2018 年物联网种养殖应用示范基地达到 800 个，并建成 10 个农业科技合作示范园区，开展 100 个规模化规范化设施园区和 10 个绿色循环畜产品生产基地建设。目前，市级以上农村龙头企业达到 182 个，"一村一品"专业村 79 个，美丽村庄 150 个。

（2）工业的主要行业发展状况

天津市是历史悠久的重化工业基地之一，市域内大中型骨干企业众多，是我国石油、钢铁、化工、重型机械、造船等工业的重要生产基地。总体来看，目前天津工业产业构成基本涵盖全部 39 个工业大类（其中规模以上约有 37 大类），工业生产长期保持平稳增长，企业效益较好，如 2018 年全市工业增加值 6962.71 亿元，全年规模以上工业增加值增长 2.4%，其中国有企业增加值增长 1.0%，民营企业增长 2.5%，外商及港澳台商企业增长 4.4%；就分行业而言，采矿业增加值下降 1.4%，制造业增长 3.2%，电力、热力、燃气及水生产和供应业增长 5.4%；从主要行业看，农副食品加工业增加值增长 19.1%，电气机械和器材制造业增长 18.5%，金属制品业增长 18.3%，专用设备制造业增长 12.6%，医药制造业增长 8.8%，汽车制造业增长 7.1%，石油、煤炭及其他燃料加工业增长 2.0%，显然总体保持增长态势。2018 年天津市规模以上工业企业主营业务收入增长 6.5%，比上年加快 1.2 个百分点，利润总额增长 11.1%，主营业务收入利润率为 6.8%，比上年提高 0.4 个百分点。石油和天然气开采业、煤炭开采和洗选业、医药制造业、烟草制品业和食品制造业盈利能力突出，主营业务收入利润率均达到两位数水平。

总之，天津的工业门类中钢铁工业、石油化学工业、机械工业、电子工业和汽车工业等都较为发达，并在全国同行业比较中具有一定影响地位。而近期不断优化及调整工业结构，大力发展高端高质高新产业，并依托空客 A320 系列飞机、百万吨乙烯、北疆电厂一期、新皇冠轿车等重大建设项目促进了产业结构的优化升级。

①现代冶金工业

天津冶金工业以钢、钢材、铁加工业为主，天津也是国内中小型钢材基地之一，并以优质钢、低合金钢、特殊钢为主，形成以无缝钢管、高档板材和高档金属制品为代表的产品结构。目前天津冶金工业有各类生产企业近千家，其中除了有钢管公司、天钢集团、天铁集团、冶金集团等大型国有企业，还有天津荣程、天丰集团、双街钢管等一批民营钢铁企业。目前，以钢管公司和天钢公司为重点，在滨海新区海河下游基本建成现代冶金工业聚集区，而且钢管公司还进入世界同行业前三强，其单厂规模为世界第一。

②石油及化学工业

天津石油及化学工业企业中原油、天然气、聚氯乙烯、烧碱、涂料、轮胎外胎、聚酯塑料制品等重点产品的产量在国内占有重要位置，并对天津工业发展起到了重要支撑作用。其中，就石油天然气开采业来看，天津依托大港及渤海海上油田的资源优势，历年石油产量、天然气产量在全国占比中均有一定分量，规模以上开采企业近十家，并以中海油天津分公司、中石油大港油田公司为业内两大骨干企业，并带动了一批开采设备制造、技术服务等相关企业与行业的发展。而对于化学工业而言，天津同样有着石油加工、海洋化工和精细化工等自然资源优势，如有中国石油化工股份有限公司天津分公司、中国石油天然气股份有限公司大港石化分公司、蓝星石化有限公司天津分公司等多家大型企业，使得天津石化炼油一次加工能力、乙烯生产能力快速提升，并基本达到占全国生产能力的 50%。

从制盐及盐业化工与海洋化工来看，鉴于天津长芦盐场是全国四大"海盐"盐场之一，海盐产量占全国海盐总产量的 25% 以上，由此天津成为国家海盐主产区和重要的定点食盐生产基地。其中，天津长芦海晶集团有限公司和天津长芦汉沽盐场有限公司是两大海盐生产企业，盐田面积 325 平方公里，年原盐生产能力可达 235.96 万吨，加工盐 25.53 万吨。而以盐为原料的盐化工产业①与天津滨海部分地区是纯碱的重要产区的自然优势结合，推动了天津碱业的发展。可以说天津作为中国海洋化工产业的发源地，纯碱、烧碱、聚氯乙烯等产品驰名海内外，纯碱工业和氯碱工业在国内首屈一指。特别是天津渤化集团作为国内最大的海洋化工基地，是国内唯一实现制盐与氯碱、纯碱相结合的企业。而正在实施的天碱搬迁改造项目更是引进了具有世界先进水平的化工原料生产装置、工艺路线，在将海洋化工与有机化工、石油化工结合起来，形成较连贯及完整的上下游产业链的同时实现了产业升级。此外，天津滨海北疆电厂在建的循环经济项目将发电、海水淡化、浓海水制盐、海洋化工等工艺及项目相结合，以实现资源的合理配置和有效利用。在精细化工方面，天津生产的氮磷钾化肥、专用树脂、炭黑、油墨、涂料、增塑剂、橡胶等产品也位居国内前列。

总之，随着中石化百万吨乙烯炼化一体化、渤海化工园、精细化工基地等为代表的大项目建设，天津正逐步形成以石油化工为主，从石油勘探开发到炼油、乙烯、化工的完整产业链条。而且天津滨海新区土地广阔，多盐碱荒地，运输和城市工业条件良好，较适于建设大型石油化工联合企业，也易于与海洋化工相结合，成为发展精细化工的重点地区。

③电子信息工业

天津市的电子工业起步较早，许多国内外电子品牌产品在这里投入生产，如三星、摩托罗拉等，是全国首批九大电子信息产业基地之一，中国三大光纤通信产业基地之一和小型计算机的科研生产基地。电子信息产业作为天津重点发展的主导产业，多年来产值居全国前位，主要涵盖移动通信设备制造、新型元器件产品制造、数字视听、集成电路、计算机制造、汽车电子和软件等行业领域，特别是片式元器件产品制造在全国领先，目前已初步形

① 盐化工产业主要是纯碱和氯碱两大行业（俗称"两碱"）。

成集软件设计、半导体材料生产、集成电路制造等多行业配合的产业链。

④装备制造业

就汽车制造工业而言，与北京主要生产轻型载重车、越野车和旅行车相比，作为互补性发展天津主要生产微型汽车，如 1996 年天津夏利轿车就被国家指定为全国四大轿车生产基地之一，经济型轿车 2008 年市场占有率居全国第一，且电动汽车研发能力也处于全国领先水平。

天津机械装备制造业已有近百年历史，也形成了一批在国际国内有一定知名度和比较优势的领域和产品。天津机械装备制造业（含船舶制造业）企业有千余家，涵盖了通用设备、专用设备、电气机械及器材、仪器仪表、船舶及办公用机械等制造业主要行业门类。并形成了一批优势企业，如天津赛象科技股份有限公司、天津国际机械有限公司、天津市百利电气有限公司、天津市诺尔电气有限公司、天津阿尔斯通水电设备有限公司、天津 OTIS 电梯有限公司、天津新港船舶重工有限公司等都在国内同行业中处于领先地位。其中，通用设备制造业在金属加工机械、内燃机、锅炉、起重运输设备、基础零部件等方面形成较大规模，具备生产制造重大、成套装备的能力，而且数控机床、工业机器人、高速电梯和自动扶梯等产品处于国内领先水平，并有数控齿轮加工机床、起重机、液压机、中高压齿轮泵、阀门驱动装置等多个名牌产品；专用设备制造业则是在石油钻采设备、橡胶加工机械、建筑工程机械、冶金专用设备和模具制造等方面规模较大，特别是环保装备和水资源设备制造技术在全国领先，且中水处理技术和设备达到国际水平，并有螺杆钻具、污水及烟气处理设备、装载机等名牌产品；电气机械及器材制造业主要是在发电机及发电机组制造、电线电缆光缆制造、输配电及控制设备制造等方面有较大的规模，并有"讯捷""德塔"和"节仪"等中国驰名商标；仪器仪表制造业主要规模产品有工业自动化仪表、电工仪器仪表、分析仪器、光学仪器等，并有天津仪表集团有限公司、中环天仪股份有限公司、天津天威有限公司、天津气象仪器厂、天津精通控制仪表技术有限公司等知名企业，特别是中环天仪股份有限公司的技术中心还被国家五部委认定为国家级企业技术中心；船舶制造业目前有船台 16 座、船坞 6 个、码头 12 个，产品结构包括了滚装船、散货船、油船、工程船、公务船、小型游船（艇）等，并以船舶制造及修理技术的创新与科研开发为基础，完成了多项新工艺的改进，特别是天津新港船舶重工有限责任公司自主研发制造的中铁渤海铁路轮渡曾在 2008 年被评为中国十大品牌船型。

总之，天津机械装备制造业基本形成了以石油钻采设备、工程机械、风力发电设备、环保设备等为核心的系列装备制造产品，也发展了一批以重型起重设备、橡胶机械、兆瓦级风力发电设备为代表的优势产品，在天津重化工业发展中具有举足轻重的地位与作用。

⑤生物技术与现代医药产业

天津是国家重要的医药工业基地，全市有规模以上医药工业企业百余家，其中生物技术与现代医药企业几十家。化学制药业是天津生物技术与现代医药产业的主体，如皮质激素产销量始终位居世界第一，品种 30 多个（含 5 个世界独有品种），主导产品地塞米松系列的工艺技术以及产品质量属于国际先进水平，且覆盖了 70% 以上的国内市场和 50% 以上的国际市场，年产量占世界产量的二分之一。

同时，天津中药历史悠久，同仁堂、乐仁堂、达仁堂、隆顺榕四大中药老字号企业均在天津设有分号，以中新药业和天士力集团为代表的天津中药企业的现代化发展水平也在全国领先。依托复方丹参滴丸、速效救心丸等品牌产品，使天津成为全国最大的中药心血管药生产基地。

目前在天津开发区和滨海高新区聚集了全市 50% 以上的生物技术与现代医药企业，其也成为特色产业和重要经济增长点。同时，国际生物医药联合研究院等十余个国家级科技创新平台已基本建成，落户天津的国家级企业技术中心达到几十个。此外，医药集团、天士力集团、金耀集团、中美（天津）史克、诺维信（中国）生物技术有限公司还成功进入中国制药工业百强榜。

⑥新能源新材料产业

新能源新材料产业是天津重点发展的高新技术产业之一，在绿色电池、风力发电、环保设备等产业基础和科研优势下，已形成 2 亿只锂离子电池、3 亿只镍氢电池、60 兆瓦光伏电池和 2500 兆瓦风力发电的生产能力，硅材料生产保持全国第一，钛和氟材料生产在全国领先。也有力神、津能、维斯塔斯、京瓷、国际机械等一批带动产业发展的骨干企业，并使天津成为国家重要的绿色能源及环保机械等生产基地、国内最大的风力发电设备生产基地。目前，新技术产业园区作为天津新能源产业的主要聚集区，也是国内新能源企业、人才和研发活动聚集度最高的区域，已形成了以绿色电池、风力发电和太阳能电池等产品为主导的产业链。

⑦航空航天产业

天津航空航天产业拥有各类生产及配套企业近百家，特别是 2008 年已建成投产的空客 A320 总装线项目是全球第四条、亚洲第一条商务干线飞机生产线。目前天津以空客（中国）天津总装公司、中航直升机有限公司、天津航空机电有限公司、天津神舟飞行器有限公司、天津波音复合材料有限公司、天津七六四通信导航技术有限公司等企业为产业主体，带动大飞机制造及维修、直升机研发及制造、飞机零部件及机载设备加工、航空通信导航等电子设备、航空电子仪表、航空复合材料、无人驾驶飞机、飞机驾驶模拟器、航空救生器材等重点项目及航空制造产业的聚集与发展。

同时，以新一代运载火箭、天津光电与计算机控制系统等为基础，天津滨海新区正在形成火箭制造装配、空间电源、卫星广播通信、卫星导航与遥感、红外与激光设备、加固计算机、卫星有效载荷等应用型产业。

总之，天津在航天器制造、无人驾驶飞机、大推力火箭等项目的基础上，正在逐步形成以航空航天制造业为核心，延伸至研发、物流和金融服务等多个领域的航空航天产业链，搭建了"大航天产业"发展平台。

⑧轻工与纺织业

轻工业是天津具有比较优势的传统产业，天津市轻工行业规模以上各类企业有千余家，涵盖食品加工、手表与精密机械加工、日用化学产品、家用电器、家具及室内装修用品、自行车、塑料制品、轻工机械等多样化的产业格局。产品品种可达十余万种，拥有王朝葡萄酒、康师傅方便面、蓝天六必治牙膏、海鸥手表等驰名品牌及商标，自行车产销量全国第一，是世界最大的自行车生产和出口基地。

天津还是中国北方的重要纺织服装基地，天津纺织工业企业有百余家，已有应大、斯必得、米盖尔、飞尼克斯、桂玲等几大品牌服装。近年来在集约化发展过程中，形成以高新纺织工业园为标志的纺织服装生产链状产业集群，目前建成十余个高新纺织工业园项目，引进了大批具有国际纺织工业技术水平的精梳机及自动络筒机、日本喷气织机、意大利杆织机、奥地利圆网印花机、德国气流染色机等新型纺纱、印染及后整理设备，使精梳及混纺半精梳比重由 30% 提高到 75%，无接头纱比重由 17% 提高到 100%，产品幅宽最大扩展到 360 厘米等。

此外，如以高新技术产业而言，天津高新技术产业加速成长，如 2018 年规模以上工业中高技术产业（制造业）增加值增长 4.4%，快于全市工业 2.0 个百分点，占比 13.3%；战略性新兴产业增加值增长 3.1%，占比 21.8%，比上年提高 1.0 个百分点。规模以上服务业中，战略性新兴服务业、高技术服务业、科技服务业营业收入分别增长 9.2%、11.9% 和 12.2%，利润率分别达到 8.5%、7.3% 和 7.5%。可以说天津依托较强的科研实力，已具有发展电子信息与机电仪一体化、新材料和生物工程技术的科技优势和经济实力，在开发可视电话、数字通讯设备、机电仪一体化产品、新型金属材料、新型复合材料、新型建筑材料、基因工程、生化工程和生物环境工程等技术产品上有明显的后劲与实力。

总之，从历年相关统计数据和政府国民经济和社会发展统计公报等信息来看，天津现代冶金、石油化工、装备制造、电子信息、生物医药、新能源新材料、航空航天、轻工纺织八大重点产业群已初步形成，同时高新技术产业发展迅速，据不完全统计其年增长速度明显超过天津工业发展一般水平，必将成为日后天津产业发展的重要支柱。

（3）服务业的主要行业发展状况

①交通、邮电产业

近年来，天津公路、铁路、水路三种主要运输方式的客运量、货运量和旅客周转量、货物周转量持续增长，在运输能力增强的同时，提高了经济效应。同时，天津作为北方国际航运中心和物流中心的建设也逐步推进，港口货物吞吐量及其集装箱吞吐量增长迅速，机场货邮吞吐量、旅客吞吐量也在稳步扩大，并带动服务辐射功能进一步向腹地扩展延伸。而且私人汽车进入快速普及阶段，截至 2018 年末全市民用汽车保有量 298.69 万辆，其中私人汽车 250.14 万辆。

邮政、电信业务及规模进一步扩大，如 2018 全年邮电业务总量 851.05 亿元，增长 1.1 倍。其中，电信业务总量 735.71 亿元，增长 1.4 倍，比上年加快 73.4 个百分点；邮政行业业务总量 115.34 亿元，增长 8.7%。同时，移动电话用户、短信业务总量、邮政函件及快递业务等行业发展指标均保持着明显的增长势态，如 2018 年末移动电话用户 1648.5 万户，增长 4.3%；互联网宽带接入端口 909.3 万个，增长 14.3%；移动互联网用户 1421.8 万户，固定互联网用户 437.9 万户，分别增长 8.6% 和 29%。

②国内商业和旅游业

天津的商品市场持续活跃，批发零售贸易业实现的商品销售总额、社会消费品零售总额、住宿和餐饮业零售额长期保持增长。如 2018 年天津市社会消费品零售总额 5533.04 亿元，增长 1.7%，批发和零售业增加值 2361.45 亿元，增长 0.8%；住宿和餐饮业增加值 327.94 亿元，增长 4.5%。根据图 5.1 所示可以看出，天津商业常年保持快速发展的基本态势，但近几年由于国际国内大背景的影响增速明显下滑。同时，天津商贸载体建设步伐也在不断加快，标准化菜市场亿元批发市场发展迅速，推动了商品市场建设与提升改造，2018 年全市交易额亿元以上批发市场共 60 家，全年交易额 1970 亿元，且还不断完善了早点快餐、便利店、美容美发、洗染、维修、家庭服务等社区商业网点的布局，在为居民提供服务便利的同时提高了行业经济的发展。

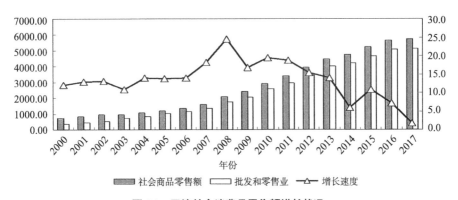

图 5.1　天津社会消费品零售额增长状况

天津的旅游消费市场近年来依托城市环境的持续改造也发展迅速，如 2018 全年接待入境旅游者 198.31 万人次，其中外国人 175.98 万人次，入境旅游外汇收入 11.10 亿美元；接待国内游客 2.27 亿人次，比上年增长 9.1%；国内旅游收入 3840.89 亿元，增长 16.7%；年末全市共有星级宾馆 82 家，A 级及以上景区 104 个。总之，近年来天津市每年国内外旅游者人次、旅游收入及本市居民外出的旅游支出额等数据均保持一定的增长，特别是京津冀旅游"一卡通"等便民措施的实现，更是推进了天津旅游业的快速发展。

③金融业

依托政策优势，天津金融创新进展相对较快，2018 年全市金融业增加值 1966.89 亿元。目前已改造重组了一批资本规模大、投融资能力强、市场化程度高的投融资平台，增强了防控金融风险能力，拓宽了直接融资渠道，如具有特色的船舶产业投资基金、飞机租赁基金等融资渠道，目前天津市已累计注册股权投资基金企业和创业风险投资企业约有四百余家，成为我国股权投资基金较为集中的城市，并成立了铁合金交易所、渤海商品交易所、天津金融交易所等新型交易平台。同时，天津金融市场交易活跃，如 2018 年全市新增境内外上市和新三板挂牌企业 18 家，累计达到 259 家；2018 年末证券账户 516.78 万户，全年各类证券交易额 37183.74 亿元，期货市场成交额 66614.89 亿元。

近期天津金融机构存贷款规模迅速扩张增势强劲，农村金融为支持"三农"发展也起到了重要的积极推动作用。截至 2018 年末，全市金融机构（含外资）本外币各项存款余额 30983.17 亿元，比年初增加 42.36 亿元，比上年末增长 0.1%；各项贷款余额 34084.90 亿元，比年初增加 2439.09 亿元，增长 7.9%。保险市场发展快速，截至 2018 年末，全市共有保险类机构 3936 家，保险从业人员 9.86 万人；全年保险保费收入 559.98 亿元，其中人身险保费收入 415.54 亿元，财产险保费收入 144.44 亿元；全年赔付额 164.14 亿元，其中人身险赔付 83.75 亿元，财产险赔付 80.39 亿元。

此外，近年来天津现代物流、服务外包、中介咨询等发展速度加快，天津中心城区与滨海新区协调配合的楼宇经济、创意产业、总部经济等现代服务业进展迅速，且"互联网 +"促进线上线下融合发展，促使新业态也在蓬勃发展中，如 2018 年快递业务量 5.76 亿件，增长 14.7%；京东便利店、苏宁小店、天猫小店、小麦铺、便利蜂、京东 × 无人超市等新零售便利店迅速兴起，京东 7FRESH、绿地 G-Super、宝燕到家等新零售生鲜超市也纷纷开业，全国首家京东 × 未来餐厅也已经在天津生态城开门迎客。

第六章 天津三次产业发展与
生态环境的影响研究

§6.1 天津主要生态环境污染指标的基本变化

6.1.1 天津主要生态环境污染指标的绝对值状况

为了更好地探讨天津三次产业发展与生态环境的影响过程，首先需要列出在产业发展中影响生态环境的主要污染项目，而囿于数据的可获得性以及天津经济长期以重工业为主的特点，故在选择表现当前天津市主要环境污染指标中针对工业的项目较多，由此汇总出近年来天津主要环境污染情况表（见表6.1）。

表 6.1 2003—2017 年天津主要环境污染指标情况表（一）

环境污染指标	单位	2003 年	2004 年	2005 年	2006 年	2007 年	2008 年	2009 年	2010 年
废水排放总量	万吨			60361	58887	56928.16	61229	59647	68195
工业废水排放总量	万吨	21605	22628	30081	22978	21444.35	20433	19441	19679
生活污水排放量	万吨	24724	26043	30280	35909	35483.81	40272	40206	48516
化学需氧量 COD 排放量	万吨				14.30	13.73	13.31	133000	131969
工业源	万吨				3.69	3.07	2.78	23469	22218

续表 6.1（一）

环境污染指标	单位	2003 年	2004 年	2005 年	2006 年	2007 年	2008 年	2009 年	2010 年
城镇生活源	万吨				10.61	10.66	10.53	109531	109751
氨氮排放量	吨							11980	12824
工业源	吨							2915	3197
城镇生活源	吨							9065	9627
工业废气排放总量	亿标立方米	4360	3058	4602	6512	5505.79	6005	5983	7686
二氧化硫排放量	万吨	26	20	24	25.48	24.47	24.01	23.67	235150
工业二氧化硫排放量	万吨	23.02	20.1	24.1	23.23	22.48	20.98	17.3	217620
生活二氧化硫排放量	万吨	2.92	2.6	2.4	2.25	1.99	3.03	6.4	17530
氮氧化物排放量	吨							208670	239736
工业氮氧化物排放量	吨							201406	236040
城镇生活氮氧化物排放量	吨							7264	3696
烟尘排放量	吨				79513	73792	67625	71323	64552
工业烟尘①	吨	86500	69000	77000	66919	62714	58465	58687	53831
生活烟尘	吨	16100	16000	14000	12593	11078	9160	12636	10721
工业粉尘排放量	吨	22000	19000	19000	10280	9436	7439	7946	7970
工业固体废物产生量	万吨	619	782	1153	1292	1399.40	1479	1516	1862
工业固体废物综合利用量	万吨	644	753	1123	1271	1380.26	1471	1498	1845
危险废物产生量	万吨				14.62	15.41	14.79	7.84	10.21
危险废物综合利用量	万吨				12.87	12.24	11.64	2.61	1.64

注：2009—2010 年进行了部分指标调整，2011 年开始主要污染物排放指标执行环保部新的统计口径

① 2003—2005 年间烟尘与粉尘相关数据是根据万吨单位进行调整的大约值，仅能部分参考。

表 6.1   2003—2017 年天津主要环境污染指标情况表（二）

环境污染指标	单位	2010 年①	2011 年	2012 年	2013 年	2014 年	2015 年	2016 年	2017 年
废水排放总量	万吨	68195	67147	82813	84210	89361	93008	91534	90790
工业废水排放总量	万吨	19679	19795	19117	18692	19011	18973	18022	18106
生活污水排放量	万吨	48516	47322	63650	65469	70302	73972	73440	72579
化学需氧量 COD 排放量	吨	131969	235832	229501	221515	214328	209099	103331	92595
工业源	吨	22218	24294	26601	26215	28269	28058	11023	9041
城镇生活源	吨	109751	96422	88544	84886	80459	77944	77432	71559
农业源	吨		114674	113889	109935	105058	102468	14749	11842
氨氮排放量	吨	12824	26378	25512	24792	24484	23844	15666	14220
工业源	吨	3197	3253	3391	3452	3707	3501	1139	620
城镇生活源	吨	9627	17128	16138	15670	15456	15190	14417	13433
农业源	吨		5961	5945	5632	5278	5104	89	147
工业废气排放总量	亿标立方米	7686	8919	9032	8080	8800	8355	8099	9136
二氧化硫排放量	吨	235150	230900	224521	216832	209200	185900	68452	55644
工业源	吨	217620	221897	215481	207793	195395	154605	54539	42324
生活源	吨	17530	8959	8959	8959	13767	13767	13879	13308
氮氧化物排放量	吨	239736	358900	334225	311719	282300	246800	141559	142265
工业源	吨	236040	300404	275553	250646	216947	150210	85148	73250
城镇生活源	吨	3696	4447	4447	5221	9516	9516	8308	4390
机动车	吨		54004	54052	55669	55771	49487	48008	64508
烟（粉）尘排放量	吨	71915	75923	84061	87457	139453	100686	78110	65191
工业源	吨	61521	65333	59036	62766	112129	73795	57280	44480
城镇生活源	吨	4071	4071	18400	18400	21072	21072	15223	14843
机动车	吨	6312	6494	6587	6267	6244	5769	5600	5858
工业固体废物产生量	万吨	1862	1762	1831	1604	1746	1546	1489	1495

①   2010 年部分指标调整，根据指标名称变化进行二次说明。

续表 6.1（二）

环境污染指标	单位	2010 年	2011 年	2012 年	2013 年	2014 年	2015 年	2016 年	2017 年
工业固体废物综合利用量	万吨	1845	1752	1820	1586	1727	1524	1474	1479
危险废物产生量	万吨	10.21	10.27	11.47	11.81	12.11	12.57	15.93	24.38
危险废物综合利用量	万吨	1.64	3.09	3.96	3.53	3.99	3.15	3.25	3.17

　　根据数据显示，首先就水环境问题而言，可以看出近年来天津工业废水排放在长期持续治理的过程中取得了一定成效，排放总量增量在 2011 年前相对平稳，但 2012 年由于统计口径的调整，表现出明显增长，可以说天津废水排放总量已基本控制在工业生产中所必须的客观需求规模以内，但生活污水排放量成倍扩张，表现出当前生活污水问题已成为影响生态环境的主要问题，且水环境中化学需氧量 COD 排放量与氨氮排放量中城镇生活源也表现突出，由此可见在天津经济发展过程中需要重点看待，并要加大对其治理项目的资金投入，引导及积极调动相关企业的发展；其次就大气环境问题来看，类似于水环境的表现，由于工业生产中技术及制度要求，二氧化硫、烟尘、粉尘的去除量逐年提升，使得实际相关废气排放量逐步下降，但结合生活二氧化硫排放量、生活烟尘排放量增加较快的影响，最终导致大气环境质量依然是持续恶化的状态，因此对于诸如私家车快速增长导致大气环境污染压力的问题，就需要形成汽车生产企业与消费居民间双向调节的理念及策略；再次，就工业固体废弃物对环境影响程度来看，近年来天津工业固体废弃物增长较快，但借助综合利用率的提高缓解了其对环境污染的压力，不过在对天津环境污染问题进行考察时其仍然是需要重点研究的项目之一。

　　同时，从上表中也可以看到，近年来天津市在环境污染治理投资总额上不断加大投入，特别是在力争"国家环境保护模范城市"的"创模"过程中投入量激增。同时，借助环保投资中对于提高"三废"综合利用技术及政策等支持，"三废"综合利用效率也相应增加，可以说生态环境的治理与扩展经济效益在本质上并不矛盾，在适宜的协调机制及资本运营过程中完全可以实现"双赢"，这也是本研究的出发点之一。

6.1.2 天津生态环境污染程度的综合评价

为了度量天津生态环境污染程度及发展状况，将对上述代表环境污染规模及方式的指标值进行数据处理，进而借助主成分分析法进行综合评价。首先，由于指标连续性、完整性等原因，我们选取 2005—2017 年间的主要环境污染初级指标，其中，设定 X_1～工业废水排放总量，X_2～生活污水排放量，X_3～工业废气排放总量，X_4～二氧化硫排放量，X_5～氮氧化物排放量，X_6～工业固体废弃物产生量，X_7～工业烟（粉）尘排放量[①]，X_8～城镇生活烟（粉）尘排放；然后对原始数据进行无量纲同度量标准化处理，从而获得标准化数据矩阵表（表 6.2）；再根据 SPSS 软件计算出变量的相关系数矩阵表（表 6.3），可以看到大部分的相关系数都高于 0.3 的要求，各变量间呈现出一定的线性关系，能够从中提取公共因子，适合进行主成分分析。

表 6.2　标准化数据

年份	X_1	X_2	X_3	X_4	X_5	X_6	X_7	X_8
2005	3.01393	-1.40969	-1.85671	-0.99001	—	1.47667	-0.15172	-1.91183
2006	0.79249	-1.07009	-0.60695	-0.97460	—	0.39535	-0.50216	-1.24560
2007	0.31285	-1.09574	-1.26534	-0.98512	—	0.10496	-0.87950	-0.73083
2008	-0.00345	-0.80687	-0.93869	-0.98991	—	-0.25427	-1.35722	-0.34930
2009	-0.31369	-0.81085	-0.95309	-0.99345	-0.44460	-0.21235	-0.49145	-0.17196
2010	-0.23926	-0.30951	0.16123	1.20823	0.01800	-0.50636	-0.96842	1.48643
2011	-0.20298	-0.38154	0.96801	1.16398	1.79247	-0.28711	-0.96842	1.00713
2012	-0.41502	0.60353	1.04195	1.09757	1.42503	-0.64928	0.94419	1.33785
2013	-0.54794	0.71327	0.41903	1.01753	1.08990	-0.43475	0.94419	0.24983
2014	-0.44817	1.00485	0.89014	0.93807	0.65182	2.40431	1.60970	0.93044
2015	-0.46006	1.22626	0.59897	0.69550	0.12319	0.19957	1.60970	-0.02817
2016	-0.75748	1.19416	0.43146	-0.52723	-1.44395	-0.75027	0.15289	-0.30137
2017	-0.73121	1.14222	1.11000	-0.66057	-1.43344	-1.48645	0.05824	-0.27261

---

① 根据 2010 年指标称谓的变化，2010 年前为"工业烟尘＋工业粉尘排放量"。

表 6.3　变量相关系数的相关矩阵

	X_1	X_2	X_3	X_4	X_5	X_6	X_7	X_8
X_1	1.000	−.702	−.740	−.429	−.121	.503	−.256	−.679
X_2	−.702	1.000	.842	.509	.058	−.218	.747	.468
X_3	−.740	.842	1.000	.728	.385	−.300	.521	.735
X_4	−.429	.509	.728	1.000	.782	.015	.462	.852
X_5	−.121	.058	.385	.782	1.000	.184	.256	.617
X_6	.503	−.218	−.300	.015	.184	1.000	.306	−.202
X_7	−.256	.747	.521	.462	.256	.306	1.000	.216
X_8	−.679	.468	.735	.852	.617	−.202	.216	1.000

其次，在采用主成分分析法提取因子并选取特征根值大于 1 的特征根进行多次尝试性分析后，发现提取三个特征根时的因子分析的初始解对所有变量的共同度均较高，各个变量的信息丢失也都较少，因子提取的总体效果较理想。由此得出成分矩阵 ① 和因子解释的总方差表（表 6.4），显然其已达到了累积方差 85% 以上的要求。

表 6.4　因子解释的总方差

成分	初始特征值			旋转平方和载入		
	合计	方差的 %	累积 %	合计	方差的 %	累积 %
1	4.307	53.840	53.840	2.733	34.167	34.167
2	1.677	20.962	74.802	2.556	31.951	66.117
3	1.296	16.194	90.996	1.990	24.879	90.996
4	.338	4.228	95.224			
5	.194	2.423	97.647			
6	.125	1.559	99.206			
7	.045	.560	99.766			
8	.019	.234	100.000			

注：提取方法为主成分分析

① 成分矩阵显示因子 1 主要解释了变量 X_2、X_3、X_4、X_5、X_6、X_8，因子 2 主要解释了变量 X_1，因子 3 主要解释了变量 X_7。

再次，为了更好地对因子进行解释，这里采用方差最大法对因子载荷矩阵实施正交旋转以使因子具有命名解释性，然后根据回归估计法估计因子得分系数，并输出成分得分系数矩阵（见表 6.5）。

表 6.5 成分得分系数矩阵

	成分		
	1	2	3
工业废水排放总量（X_1）	.015	-.099	.337
生活污水排放量（X_2）	−.163	.425	-.062
工业废气排放总量（X_3）	.068	.187	−.138
二氧化硫排放量（X_4）	.343	-.011	.059
氮氧化物排放量（X_5）	.464	−.188	.162
工业固体废弃物产生量（X_6）	.069	.158	.538
工业烟（粉）尘排放量（X_7）	−.111	.497	.299
城镇生活烟（粉）尘排放量（X_8）	.324	−.112	−.151

注：具有 Kaiser 标准化的正交旋转法构成得分

进而根据表 6.5，再结合原有变量可以得出三个因子得分函数：

$F_1 = 0.015X_1 - 0.163X_2 + 0.068X_3 + 0.343X_4 + 0.464X_5 + 0.069X_6 - 0.111X_7 + 0.324X_8$ ；

$F_2 = -0.099X_1 + 0.425X_2 + 0.187X_3 - 0.011X_4 - 0.188X_5 + 0.158X_6 + 0.497X_7 - 0.112X_8$ ；

$F_3 = 0.337X_1 - 0.062X_2 - 0.138X_3 + 0.059X_4 + 0.162X_5 + 0.538X_6 + 0.299X_7 - 0.151X_8$ ；

最后，先按照不同年份计算 F_1、F_2、F_3 值，此后采用计算因子加权总分的方法进行环境污染的综合评价。其中，对于权重的确定通常的做法是根据实际问题由专家组研究来确定，这里仅从单纯的数量上考虑，以三个因子的方差贡献率为权数，最终写出综合环境污染水平的计算公式：$F = 0.34167F_1 + 0.31951F_2 + 0.24879F_3$，并获得环境污染程度排名次序（见表 6.6）。

表 6.6 综合评价排名表

年份	F₁	F₂	F₃	F	环境污染程度排序
2005	−0.89482	−0.77815	2.26754	0.009781421	6
2006	−0.71522	−0.60002	0.53845	−0.302120632	8
2007	−0.57806	−0.97806	0.12180	−0.479703089	11
2008	−0.45804	−1.10002	−0.44197	−0.617923633	13
2009	−0.50004	−0.65639	−0.28958	−0.452616444	10
2010	1.03465	−0.82244	−0.79687	−0.107522226	7
2011	1.76890	−0.95059	−0.41707	0.196894207	5
2012	1.28656	0.42938	−0.29514	0.503342278	3
2013	0.70414	0.59258	−0.03985	0.420004468	4
2014	0.80321	1.58140	1.45983	1.14289698	1
2015	−0.04467	1.48339	0.34069	0.543455805	2
2016	−1.19456	0.93186	−0.96554	−0.350623423	9
2017	−1.21205	0.86707	−1.48230	−0.505865005	12

注：1 代表环境污染程度最大，2 次之，其余按顺序值递减

　　总之，从对天津生态环境造成不良影响的污染指标绝对值来看，近年来多数污染排放量绝大多数时间是增长的，特别是 2014 年前后污染量表现明显，从而导致目前天津生态环境污染程度仍较高，对生态环境治理的压力也非常大，所以必须通过经济增长方式的变革来降低污染指标绝对值的增长速度，使其低于经济增长速度，直至发展为负增长，这样才能真正实现天津生态城市的构建。

§6.2　天津人均产值与主要环境污染指标间的数据分析

　　依据第二章已介绍的经济学理论支持中的经济增长与环境污染水平计量模型——环境库兹涅茨曲线为前提，可以根据天津市经济增长的典型代表人均产值与环境主要污染指标之间的关系，为分析城市环境质量发展态势、

产业结构及环境政策取向等问题提供理论与实践的基础。

由此，本研究选取天津 2005—2017 年间部分废水、废气、废渣等污染排放量指标值为纵坐标来表征天津市的环境污染状况，并与表征经济与产业发展的人均 GDP 及各产业人均产值为横坐标进行相关性数据分析，于是借助统计数据分析软件 SPSS，可以列出每对指标数据间的平滑线型散点图（详见图 6.1～图 6.4）及相关系数总表（见表 6.7），进而展开详细的分析与探讨。

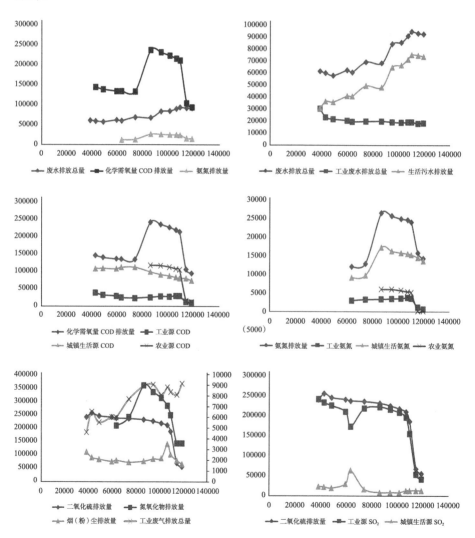

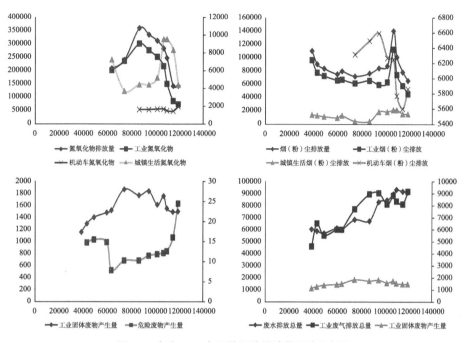

图 6.1 人均 GDP 与环境污染排放量间的散点图

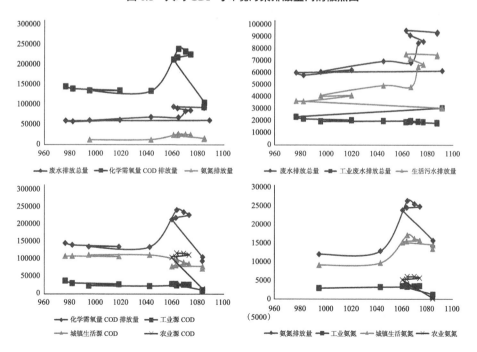

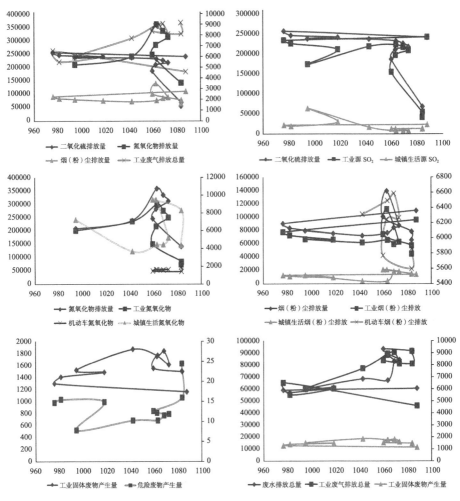

图6.2　人均第一产业产值与环境污染排放量间的散点图

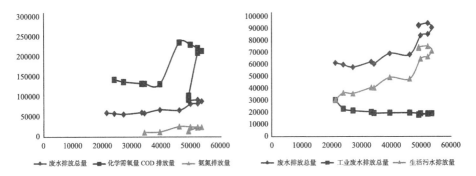

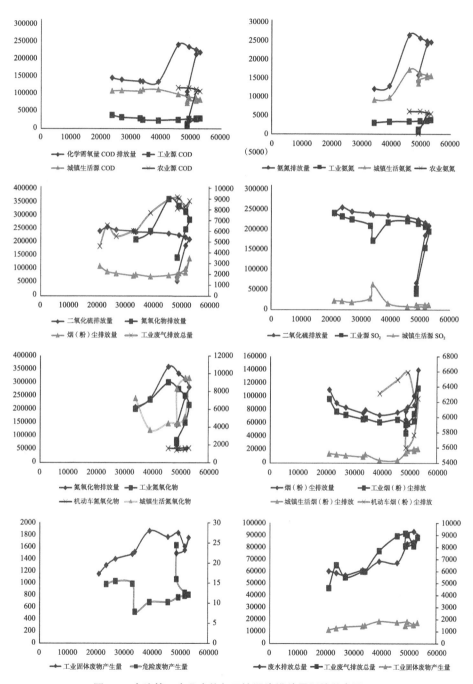

图 6.3　人均第二产业产值与环境污染排放量间的散点图

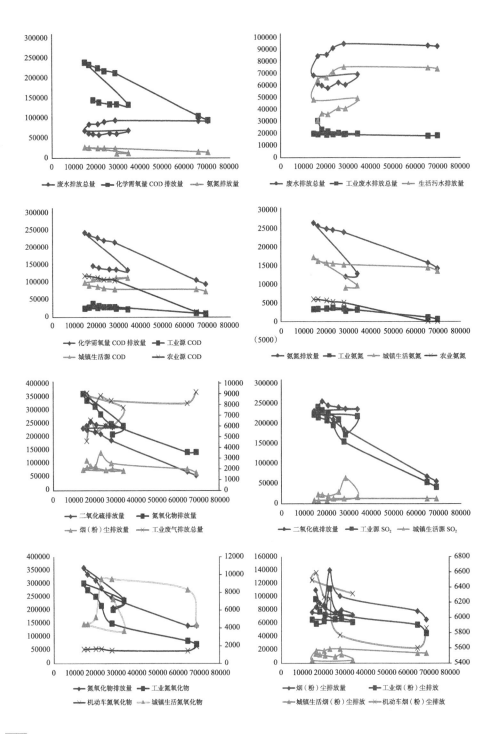

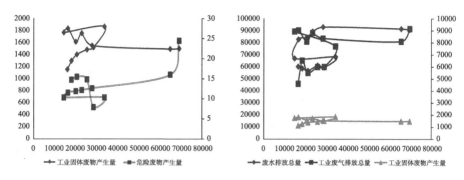

图 6.4　人均第三产业产值与环境污染排放量间的散点图

表 6.7　天津市经济增长与环境指标的相关性分析

环境指标 ＼ 经济增长指标	相关性结果	人均生产总值	第一产业人均值	第二产业人均值	第三产业人均值
废水排放总量	Pearson 相关性	.951**	.702**	.894**	.516
	显著性（双侧）	.000	.007	.000	.071
工业废水排放总量	Pearson 相关性	−.750**	−.064	.932**	.534
	显著性（双侧）	.003	.836	.000	.060
生活污水排放量	Pearson 相关性	.977**	.627*	−.778**	−.429
	显著性（双侧）	.000	.022	.002	.144
化学需氧量 COD 排放量	Pearson 相关性	.217	.291	.471	−.708**
	显著性（双侧）	.498	.359	.122	.010
工业源 COD	Pearson 相关性	−.655*	−.646*	−.840**	−.519
	显著性（双侧）	.021	.023	.001	.084
城镇生活源 COD	Pearson 相关性	−.933**	−.825**	−.475	−.893**
	显著性（双侧）	.000	.001	.118	.000
农业源 COD	Pearson 相关性	−.787*	−.871*	.239	−.994**
	显著性（双侧）	.036	.011	.606	.000
氨氮排放量	Pearson 相关性	.288	.418	.695*	−.664
	显著性（双侧）	.453	.263	.038	.051
工业氨氮	Pearson 相关性	−.449	−.359	.025	−.950**
	显著性（双侧）	.225	.342	.948	.000

经济增长指标 环境指标	相关性结果	人均生产总值	第一产业人均值	第二产业人均值	第三产业人均值
城镇生活氨氮	Pearson 相关性	.606	.727*	.839**	−.271
	显著性（双侧）	.084	.026	.005	.480
农业氨氮	Pearson 相关性	−.798*	−.863*	.221	−.995**
	显著性（双侧）	.031	.012	.634	.000
工业废气排放总量	Pearson 相关性	.884**	.532	.911**	.322
	显著性（双侧）	.000	.061	.000	.283
二氧化硫排放量	Pearson 相关性	−.250	−.676*	−.483	−.950**
	显著性（双侧）	.411	.011	.095	.000
工业源 SO_2	Pearson 相关性	−.692**	−.398	−.039	−.590*
	显著性（双侧）	.009	.178	.899	.034
城镇生活源 SO_2	Pearson 相关性	−.490	−.563*	−.499	−.062
	显著性（双侧）	.089	.045	.082	.842
氮氧化物排放量	Pearson 相关性	−.292	−.011	.195	−.927**
	显著性（双侧）	.445	.977	.615	.000
工业氮氧化物	Pearson 相关性	−.591	−.268	−.137	−.918**
	显著性（双侧）	.094	.486	.726	.000
城镇生活氮氧化物	Pearson 相关性	.318	−.084	.297	.050
	显著性（双侧）	.404	.829	.438	.898
机动车氮氧化物	Pearson 相关性	.179	.305	−.059	.227
	显著性（双侧）	.701	.506	.899	.624
烟粉尘排放量	Pearson 相关性	.008	.156	.074	−.397
	显著性（双侧）	.978	.611	.810	.179
工业烟粉尘排放	Pearson 相关性	−.297	−.054	−.222	−.520
	显著性（双侧）	.325	.862	.465	.069
城镇生活烟粉尘排放	Pearson 相关性	.472	.325	.447	.074
	显著性（双侧）	.103	.278	.126	.810
机动车烟粉尘排放	Pearson 相关性	−.732*	−.453	−.244	−.784*
	显著性（双侧）	.039	.260	.561	.021

续表 6.7

经济增长指标 环境指标	相关性结果	人均生产总值	第一产业人均值	第二产业人均值	第三产业人均值
工业固体废物产生量	Pearson 相关性	.537	.243	.696**	-.039
	显著性（双侧）	.059	.424	.008	.898
危险废物产生量	Pearson 相关性	.280	.208	.034	.690*
	显著性（双侧）	.378	.517	.916	.013

注：**. 在 0.01 水平（双侧）上显著相关；*. 在 0.05 水平（双侧）上显著相关

6.2.1　天津人均 GDP 与主要环境污染指标的数据分析

首先，观察人均 GDP 与上述环境指标间的散点图以及表 6.7 中的相关系数分析结果可以看出，在水环境、大气环境和固体废物三大类环境污染指标中废水排放总量、工业废水排放总量、生活污水排放量、工业源 COD、城镇生活源 COD、农业源 COD、农业氨氮、工业废气排放总量、工业源 SO_2 和机动车烟粉尘排放量与人均 GDP 间的相关系数数值较高，并通过了显著性检验，可以认为两者间存在一定关联性，其中废水排放总量、生活污水排放量、工业废气排放总量与人均 GDP 值主要表现为一定的正相关性，工业废水排放总量、工业源 COD、城镇生活源 COD、农业氨氮排放量、工业二氧化硫排放量和机动车烟粉尘排放量与人均 GDP 值主要表现为一定的负相关性。

由此，我们先选取相关性较大的排放量指标，同时为避免重复性，所以选取废水排放总量、城镇生活化学需氧量排放量、农业氨氮排放量、工业废气排放总量、工业二氧化硫排放量和机动车烟粉尘排放量作为表征环境污染水平的代表性指标，然后借助 SPSS 软件构建回归函数模型，进行更精确的图形分析。

6.2.1.1　废水排放总量与人均 GDP 间的曲线回归估计

首先，借鉴国内外 EKC 曲线的函数模型的主要表现模式及散点图特点，尝试对数据进行线性、对数、二次、三次方程的估计及检验，获得

表 6.8 和图 6.5。从模型检验来看拟合度最优的是三次方程，并通过了检验，然后可以得出曲线回归方程：废水排放总量 $=128777.854-3.256\times$ 人均 $GDP+4.515\times10^{-5}\times$ 人均 $GDP^2-1.707\times10^{-10}\times$ 人均 GDP^3，显然废水排放总量作为环境污染指标时，并非是典型 EKC——"倒 U"曲线的形式，其在早期以"U"型方式表现出经济增长对环境污染的扩大效应，但目前已基本达到典型 EKC——"倒 U"曲线的拐点并向下发展，说明在天津经济增长中对环境的破坏程度已有所好转，但由于距离拐点较近，所以环境污染的绝对值仍然较大。

表 6.8　模型汇总和参数估计值

方程	模型汇总			参数估计值			
	R 方	F	Sig.	常数	b1	b2	b3
线性	.904	103.857	.000	35015.010	.481		
对数	.831	53.906	.000	−302190.733	33479.704		
二次	.942	81.644	.000	61906.508	−.298	4.945E-6	
三次	.964	81.208	.000	128777.854	−3.256	4.515E-5	−1.707E-10

注：因变量为废水排放总量水，自变量为人均 GDP 元

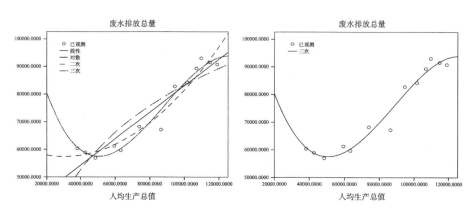

图 6.5　废水排放总量与人均 GDP 间的曲线回归图

6.2.1.2 城镇生活化学需氧量排放量与人均 GDP 间的曲线回归估计

与上述相似，首先尝试对数据进行线性、对数、二次、三次方程的估计

及检验，从而获得表6.9和图6.6。从模型检验来看拟合度最优的是三次方程，拟合度为0.975较高并通过了检验，然后可以得出曲线回归方程：城镇生活化学需氧量排放量 $=13886.272+3.849\times$ 人均GDP $-4.726\times10^{-5}\times$ 人均GDP$^2-1.6\times10^{-10}\times$ 人均GDP^3，显然其已然达到典型EKC——"倒U"曲线的拐点以下，说明近年来在天津经济增长中就城镇生活化学需氧量排放量而言，对环境的破坏程度已经明显有所好转，天津对城镇生活化学需氧量排放量的产生及其治理都表现较好。

表6.9　模型汇总和参数估计值

方程	模型汇总			参数估计值			
	R方	F	Sig.	常数	b1	b2	b3
线性	.870	66.696	.000	135284.981	−.499		
对数	.782	35.909	.000	499842.113	−36018.502		
二次	.960	107.581	.000	85292.865	.868	−8.392E-6	
三次	.975	103.838	.000	13886.272	3.849	−4.726E-5	1.600E-10

注：因变量为城镇生活化学需氧量排放量，自变量为人均GDP元

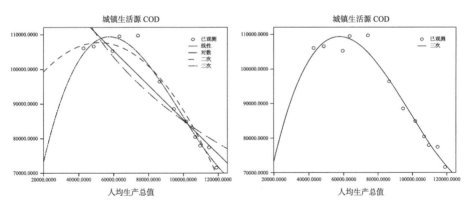

图6.6　城镇生活化学需氧量排放量与人均GDP间的曲线回归图

6.2.1.3 农业氨氮排放量与人均GDP间的曲线回归估计

仍尝试对数据进行线性、对数、二次、三次方程的估计及检验，获得表6.10和图6.7。从模型检验综合结果来看拟合度最优的是三次方程，并通过了检验，然后可以得出曲线回归方程：农业氨氮排放

量 $=-23570.258+1.002\times10^{-5}\times$ 人均 $GDP^{2}-7.056\times10^{-11}\times$ 人均 GDP^{3}，显然以农业氨氮排放量作为环境污染指标时，其已然达到典型 EKC——"倒 U"曲线的拐点以下，总体来看其与人均 GDP 成负相关特点，说明天津在农业氨氮排放量的产生及治理中控制较好，于是促使天津经济增长中对环境的破坏程度存在着明显好转趋势。

表 6.10 模型汇总和参数估计值

方程	模型汇总			参数估计值			
	R 方	F	Sig.	常数	b1	b2	b3
线性	.637	8.769	.031	23692.916	−.188		
对数	.599	7.466	.041	218476.989	−18562.175		
二次	.875	14.063	.016	−98302.741	2.215	−1.170E-5	
三次	.878	14.388	.015	−23570.258	.000	1.002E-5	−7.056E-11

注：因变量为农业氨氮排放量，自变量为人均 GDP 元

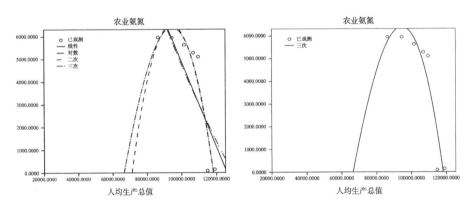

图 6.7 农业氨氮排放量与人均 GDP 间的曲线回归图

6.2.1.4 工业废气排放总量与人均 GDP 间的曲线回归估计

与上述相似，首先尝试对数据进行线性、对数、二次、三次方程的估计及检验，从而获得表 6.11 和图 6.8。从模型检验结果综合来看最优的是二次方程，并通过了检验，然后可以得出曲线回归方程：工业废气排放总

量$=596.866+0.134\times$人均GDP$-5.528\times10^{-7}\times$人均GDP^2，可以看出来其目前已基本达到典型EKC——"倒U"曲线的拐点，说明近年来对环境的破坏程度已有所好转，但同样由于距离拐点较近，所以环境污染的绝对值仍然较大。

表6.11　模型汇总和参数估计值

方程	模型汇总			参数估计值			
	R方	F	Sig.	常数	b1	b2	b3
线性	.782	39.456	.000	3603.135	.047		
对数	.810	47.031	.000	−31739.057	3485.264		
二次	.825	23.543	.000	596.866	.134	−5.528E-7	
三次	.841	15.869	.001	6630.987	−.133	3.075E-6	−1.540E-11

注：因变量为工业废气排放总量，自变量为人均GDP元

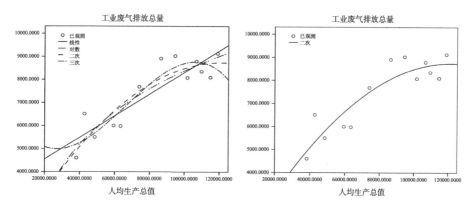

图6.8　工业废气排放总量与人均GDP间的曲线回归图

6.2.1.5　工业二氧化硫排放量与人均GDP间的曲线回归估计

与上述相似，首先尝试对数据进行线性、对数、二次、三次方程的估计及检验，从而获得表6.12和图6.9。从模型检验来看拟合度最优的是三次方程，拟合度为0.922效果较好并通过了检验，然后可以得出曲线回归方程：工业二氧化硫排放量$=1067256.365-39.028\times$人均GDP$+0.001\times$人均GDP$^2-2.601\times10^{-9}\times$人均GDP^3，显然工业二氧化硫排放量在早期曾经以

"U"型方式表现出经济增长对环境污染的扩大效应，但目前其已基本达到典型 EKC——"倒 U"曲线的拐点以下，说明近期在天津经济增长中对环境的破坏程度已然明显大大好转。

表 6.12 模型汇总和参数估计值

方程	模型汇总			参数估计值			
	R 方	F	Sig.	常数	b1	b2	b3
线性	.479	10.125	.009	310725.479	−1.557		
对数	.410	7.632	.018	1360122.155	−104635.647		
二次	.663	9.822	.004	48061.135	6.052	−4.830E-5	
三次	.922	35.295	.000	1067256.365	-39.028	.001	−2.601E-9

注：因变量为工业二氧化硫排放量，自变量为人均 GDP 元

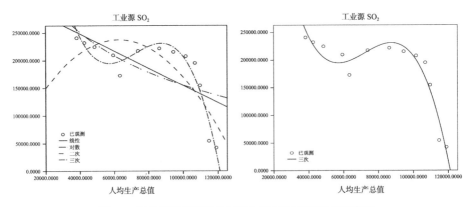

图 6.9 工业二氧化硫排放量与人均 GDP 间的曲线回归图

6.2.1.6 机动车烟粉尘排放量与人均 GDP 间的曲线回归估计

仍尝试对数据进行线性、对数、二次、三次方程的估计及检验，获得表 6.13 和图 6.10。从模型检验来看拟合度最优的是二次方程，并通过了检验，然后可以得出曲线回归方程：机动车烟粉尘排放量 =449.140+0.140 × 人均 GDP−8.131 × 10^{-7} × 人均 GDP^2，显然以机动车烟粉尘排放量作为环境污染指标时，其属于典型 EKC——"倒 U"曲线的形式，总体来看其与人均

GDP 成负相关特点，说明天津在机动车烟粉尘排放量的产生及治理中控制较好，于是促使天津对环境的破坏程度存在着显著的好转趋势。

表 6.13　模型汇总和参数估计值

方程	模型汇总			参数估计值			
	R 方	F	Sig.	常数	b1	b2	b3
线性	.536	6.944	.039	7879.753	−.017		
对数	.485	5.655	.055	24085.175	−1558.904		
二次	.752	7.565	.031	449.140	.140	−8.131E-7	
三次	.741	7.160	.034	2998.505	.061	.000	−2.733E-12

注：因变量为机动车烟粉尘排放量，自变量为人均 GDP 元

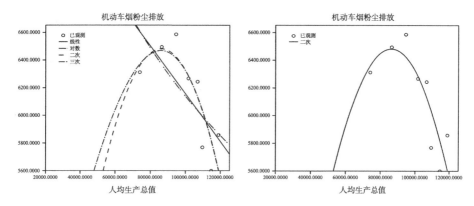

图 6.10　机动车烟粉尘排放量与人均 GDP 间的曲线回归图

　　总之，从上述几个环境指标来看，可以发现目前天津在人均 GDP 增长的过程中，环境污染程度正在处于逐步下降的良好过程中，即已在 EKC 曲线右侧递减的范围内，但由于距离拐点较近，所以环境污染的绝对值及压力仍然偏大，还需要继续加强改善环境的相关政策和优化经济生产方式。

　　综上所述，可以看出随着天津在 21 世纪前期的经济结构调整以及对环境重视的提高等诱因，使得目前天津在经济增长过程中对环境的破坏程度逐步好转，但部分环境污染的绝对值仍然较大，生态压力仍不能忽视。

6.2.2 天津人均第一产业产值与主要环境污染指标的数据分析

首先，同样先观察人均第一产业产值与上述环境指标间的散点图示以及表 6.7 中的相关系数分析结果可以看出，废水排放总量、生活污水排放量、工业源 COD、城镇生活源 COD、农业源 COD、城镇生活氨氮、农业氨氮、二氧化硫排放量、城镇生活源 SO_2 与人均第一产业产值间通过了显著性检验，初步判断两者间存在一定的关联性。于是，我们结合综合比较与排除重复性，进而选取废水排放总量、城镇生活源 COD、农业氨氮、二氧化硫排放量作为表征环境污染水平的代表性指标，然后借助 SPSS 软件构建回归函数模型，对其与经济增长中的人均第一产业产值进行更精确的图形分析。

6.2.2.1 工业废水排放总量与人均第一产业产值间的曲线回归估计

首先，仍先尝试对数据进行线性、对数、二次、三次方程的估计及检验，从而获得表 6.14 和图 6.11。从模型检验来看，拟合效果最好的是对数方程，尽管通过了检验，但拟合度相对而言不是很高，故而拟合效果和图示表现并不是很理想。因此，我们认为在第一产业产值增加时，可能由于人力、资金等部分生产要素的转移使得过快的工业增速有所缓解或工业结构发生部分调整，从而促使废水排放总量的环境污染压力下降，但这种影响与第一产业发展而言表现并不明显。

表 6.14　模型汇总和参数估计值

方程	模型汇总			参数估计值			
	R 方	F	Sig.	常数	b1	b2	b3
线性	.493	10.709	.007	−192828.109	255.328		
对数	.495	10.764	.007	−1757986.463	263552.784		
二次	.500	4.999	.031	−1379841.676	2559.967	−1.117	
三次	.500	5.009	.031	−1010676.073	1446.726	.000	.000

注：因变量为废水排放总量，自变量为人均第一产业产值

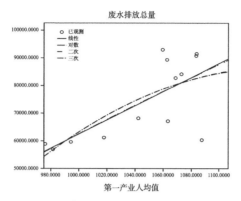

图6.11   工业废水排放总量与人均第一产业产值间的曲线回归图

6.2.2.2 城镇生活化学需氧量排放量与人均第一产业产值间的曲线回归估计

仍先尝试对数据进行线性、对数、二次、三次方程的估计及检验，从而获得表6.15和图6.12。从模型检验来看，拟合度相对较好的是二次和三次方程，并都通过了检验，根据综合比较然后可以得出二次曲线回归方程：城镇生活化学需氧量排放量 $=-4851932.912+9923.963\times$ 人均第一产业产值 $-4.963\times$ 人均第一产业产值 ^{2}，显然以城镇生活化学需氧量排放量作为环境污染指标时，其总体来看其与人均第一产业产值间成负相关特点，其也已达到典型EKC——"倒U"曲线的拐点以下，说明近年来伴随着天津第一产业发展，就城镇生活化学需氧量排放量而言，其对环境的破坏程度已经明显好转，天津对其产生及治理都表现较好。

表6.15   模型汇总和参数估计值

方程	模型汇总			参数估计值			
	R方	F	Sig.	常数	b1	b2	b3
线性	.681	21.319	.001	403551.377	−298.099		
对数	.674	20.639	.001	2213138.390	−305143.584		
二次	.801	18.125	.001	−4851932.912	9923.963	−4.963	
三次	.801	18.089	.001	−3086924.849	4795.713	.000	−.002

注：因变量为城镇生活化学需氧量排放量，自变量为人均第一产业产值

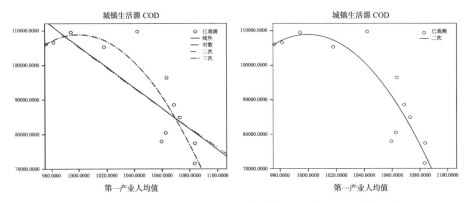

图 6.12　城镇生活化学需氧量排放量与人均第一产业产值间的曲线回归图

6.2.2.3　农业氨氮排放量与人均第一产业产值间的曲线回归估计

仍先尝试对数据进行线性、对数、二次、三次方程的估计及检验，从而获得表 6.16 和图 6.13。从模型检验来看拟合度基本相似，并通过了检验，但拟合度均仅接近 0.75，所以拟合效果和图示表现一般。因此，我们认为两者间虽然显示出在第一产业产值增长时农业氨氮排放量的环境污染不断有所改善的向右下方倾斜，但与上述对废水排放总量与人均第一产业产值间关系认识相似，只能说在第一产业发展过程中可能会降低环境污染的压力，但由于是间接作用的结果，故表现并不非常显著。

表 6.16　模型汇总和参数估计值

方程	模型汇总			参数估计值			
	R 方	F	Sig.	常数	b1	b2	b3
线性	.744	14.549	.012	255986.624	−235.344		
对数	.742	14.362	.013	1761661.534	−251956.645		
二次	.747	14.738	.012	130010.164	.000	−.110	
三次	.749	14.930	.012	88019.277	.000	.000	−6.843E-5

注：因变量为农业氨氮排放量，自变量为人均第一产业产值

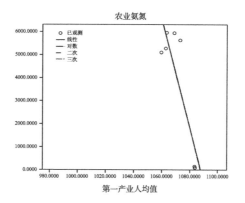

农业氨氮

图 6.13　农业氨氮排放量与人均第一产业产值间的曲线回归图

6.2.2.4　二氧化硫排放量与人均第一产业产值间的曲线回归估计

仍先尝试对数据进行线性、对数、二次、三次方程的估计及检验，从而获得表 6.17 和图 6.14。从模型检验来看，拟合度相对较好的是二次和三次方程，并都通过了检验，根据综合比较然后可以得出二次曲线回归方程：二氧化硫排放量 $=-4.276 \times 10^7 + 84789.921 \times$ 人均第一产业产值 $-41.754 \times$ 人均第一产业产值 ^{2}，显然以二氧化硫排放量作为环境污染指标时，总体来看其与人均第一产业产值间成负相关特点，其也已达到典型 EKC——"倒 U"曲线的拐点以下，说明近年来伴随着天津第一产业发展，就二氧化硫排放量而言，其对环境的破坏程度已经明显好转，天津市对其产生及治理都表现较好。

表 6.17　模型汇总和参数估计值

方程	模型汇总			参数估计值			
	R 方	F	Sig.	常数	b1	b2	b3
线性	.456	9.238	.011	1615677.296	−1366.574		
对数	.447	8.894	.012	9878461.084	−1394152.437		
二次	.758	15.664	.001	−4.276E7	84789.921	−41.754	
三次	.766	16.373	.001	−1.376E7	.000	40.808	−.027

注：因变量为二氧化硫排放量，自变量为人均第一产业产值

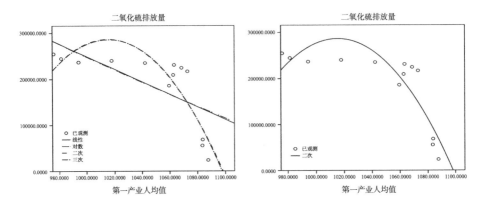

图 6.14 二氧化硫排放量与人均第一产业产值间的曲线回归图

综上所述，可以看出在第一产业产值扩大的过程中，基于第一产业自身特点产业发展状况整体而言对生态环境污染的影响并不明显，但是由于三次产业结构的调整，导致第一产业产值增长过程中也会间接表现出对于环境状况存在一定的相关性影响作用。

6.2.3 天津人均第二产业产值与主要环境污染指标的数据分析

首先，还是先观察人均第二产业产值与上述环境指标间的散点图以及表 6.7 中的相关系数分析结果可以看出，废水排放总量、工业废水排放总量、生活污水排放量、工业源 COD、氨氮排放量、工业氨氮、工业废气排放总量、工业固体废物产生量与人均第二产业产值间的相关系数相对较高，并通过了显著性检验，能够认为两者间存在一定关联性。由此，我们仍然选取相关性较大的排放量指标，且为避免重复性，所以选取工业废水排放总量、工业源 COD、氨氮排放量、工业废气排放总量、工业固体废物产生量作为表征环境污染水平的代表性指标，然后借助 SPSS 软件构建回归函数模型，进行更精确的图形分析。

6.2.3.1 工业废水排放量与人均第二产业产值间的曲线回归估计

首先，还是尝试对数据进行线性、对数、二次、三次方程的估计及检验，获得表 6.18 和图 6.15。从模型检验来看拟合度最优的是二次方程，并通过了检验，然后可以得出曲线回归方程：工业废水排放量 = $51095.561 - 1.495 \times$ 人均第二产业产值 $+ 1.695 \times 10^{-5} \times$ 人均第二产业产值^2，显然工业废水排放量作为环境污染指标时，其总体来看其与人均第二产业产值间成正相关的特点，目前仍处于以 "U" 型方式表现出来的经济增长对环境污染的扩大效应，说明在天津发展工业增长中对环境的破坏程度依旧压力较大，天津市应该加大力度对其进行治理。

表 6.18　模型汇总和参数估计值

方程	模型汇总			参数估计值			
	R 方	F	Sig.	常数	b1	b2	b3
线性	.605	16.830	.002	29144.056	−.215		
对数	.689	24.327	.000	107013.839	−8194.868		
二次	.823	23.304	.000	51095.561	−1.495	1.695E-5	
三次	.823	23.304	.000	51095.561	−1.495	1.695E-5	.000

注：因变量为工业废水排放量，自变量为人均第二产业产值

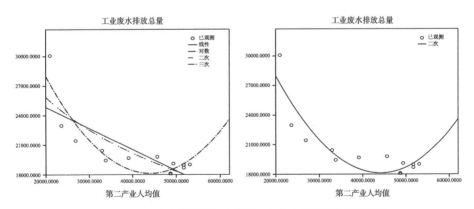

图 6.15　工业废水排放量与人均第二产业产值间的曲线回归图

6.2.3.2　工业化学需氧量排放量与人均第二产业产值间的曲线回归估计

先尝试对数据进行线性、对数、二次、三次方程的估计及检验，从而获

得表 6.19 和图 6.16。从模型检验来看，拟合效果均表现一般。因此，我们认为在第二产业产值增加时，可能由于工业发展需要以及工业结构的事实表现，从而导致工业化学需氧量排放量的环境污染压力依然较大，但两者间的影响性并不十分明显。

表 6.19　模型汇总和参数估计值

方程	模型汇总			参数估计值			
	R 方	F	Sig.	常数	b1	b2	b3
线性	.226	2.918	.118	39477.869	−.355		
对数	.268	3.659	.085	178103.882	−14465.792		
二次	.462	3.872	.061	112258.664	−4.361	5.122E-5	
三次	.480	4.162	.053	91800.234	−2.548	.000	4.620E-10

注：因变量为工业化学需氧量排放量，自变量为人均第二产业产值

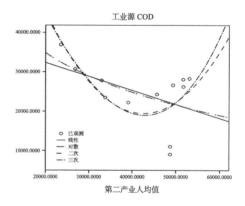

图 6.16　工业化学需氧量排放量与人均二产业产值间的曲线回归图

6.2.3.3　氨氮排放量与人均第二产业产值间的曲线回归估计

先尝试对数据进行线性、对数、二次、三次方程的估计及检验，从而获得表 6.20 和图 6.17。从模型检验来看拟合度相对较好是对数方程，但尽管通过了检验，拟合度相对而言不是很高，故而拟合效果和图示表现并不是很理想。显然氨氮排放量作为环境污染指标时，在具有正相关的特点下表现出工业增长对环境污染的相应扩大，说明近年来在天津工业发展中对环境的破

坏程度仍有明显压力，但两者间的影响性并不十分明显。

表 6.20　模型汇总和参数估计值

方程	模型汇总			参数估计值			
	R 方	F	Sig.	常数	b1	b2	b3
线性	.482	6.524	.038	−10860.856	.658		
对数	.479	6.428	.039	−281967.339	28098.527		
二次	.483	2.804	.138	−1407.665	.212	5.118E-6	
三次	.483	2.804	.138	−1407.665	.212	5.118E-6	.000

注：因变量为氨氮排放量，自变量为人均第二产业产值

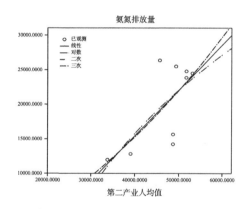

图 6.17　氨氮排放量与人均二产业产值间的曲线回归图

6.2.3.4　工业废气排放总量与人均第二产业产值间的曲线回归估计

先尝试对数据进行线性、对数、二次、三次方程的估计及检验，从而获得表 6.21 和图 6.18。从模型检验来看拟合度最优的是三次方程，拟合度为 0.833 较高并通过了检验，然后可以得出曲线回归方程：工业废气排放总量 = $1737.545 + 0.157 \times$ 人均第二产业产值 $- 8.292 \times 10^{-12} \times$ 人均第二产业产值^3，显然目前其还在典型 EKC——"倒 U"曲线拐点的左侧，其以正相关的特点表现出工业增长对环境污染的相应扩大，说明近年来就工业废气排放量这一环境污染指标而言，其在天津工业发展中对环境的破坏程度仍有明显压力。

表 6.21　模型汇总和参数估计值

方程	模型汇总			参数估计值			
	R 方	F	Sig.	常数	b1	b2	b3
线性	.830	53.668	.000	2568.292	.120		
对数	.823	51.196	.000	−37799.467	4282.419		
二次	.831	24.670	.000	1676.908	.172	−6.882E-7	
三次	.833	24.892	.000	1737.545	.157	.000	−8.292E-12

注：因变量为工业废气排放总量，自变量为人均第二产业产值

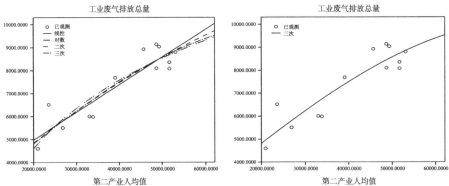

图 6.18　工业废气排放总量与人均二产业产值间的曲线回归图

6.2.3.5　工业固体废弃物产生量与人均第二产业产值间的曲线回归估计

仍先尝试对数据进行线性、对数、二次、三次方程的估计及检验，从而获得表 6.22 和图 6.19。从模型检验来看拟合度较好的是二次方程和三次方程，并都通过了检验，综合比较后可以得出二次曲线回归方程：工业固体废弃物产生量 $=-258.952+0.089\times$ 人均第二产业产值 $-1.006\times10^{-6}\times$ 人均第二产业产值 ^{2}，显然其目前已达到典型 EKC——"倒 U"曲线的拐点以下，说明就工业固体废弃物产生量而言，近年来在天津工业发展中对环境的破坏程度已经大有好转。

表 6.22　模型汇总和参数估计值

方程	模型汇总			参数估计值			
	R 方	F	Sig.	常数	b1	b2	b3
线性	.484	10.313	.008	1044.092	.013		
对数	.545	13.152	.004	−3471.265	475.500		
二次	.665	9.916	.004	−258.952	.089	−1.006E-6	
三次	.665	9.916	.004	−258.952	.089	−1.006E-6	.000

注：因变量为工业固体废弃物产生量，自变量为人均第二产业产值

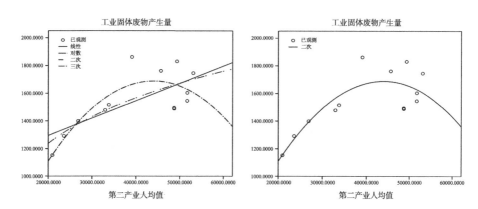

图 6.19　工业固体废弃物产生量与人均第二产业产值间的曲线回归图

　　总之，天津人均第二产业产值与主要环境污染指标的数据特征和人均 GDP 经济增长总量指标与主要环境污染指标的数据特征非常相近，这虽然与天津目前产业结构现状以及污染指标的选择有一定关系，但还是能够说明在天津产业发展中第二产业增长对生态环境的影响趋势对天津生态城市建设中的环境改善起着重要的主导性作用。因此，需要在已有的环境污染程度基本达到或超过"倒 U"曲线拐点的前期成果基础上，继续对工业产业内部的产业结构、生产技术、生产组织结构等加以优化，使曲线能够以更快的速度向下递减，从而提高城市生态环境质量。

6.2.4 天津人均第三产业产值与主要环境污染指标的数据分析

首先，继续观察人均第三产业产值与上述环境指标间的散点图示以及表6.7 中的相关系数分析结果可以看出，化学需氧量 COD 排放量、城镇生活源 COD、农业源 COD、城镇生活氨氮、农业氨氮、二氧化硫排放量、工业源 SO_2、氮氧化物排放量、工业氮氧化物、机动车烟粉尘排放、危险废物产生量与人均第三产业产值间的相关系数数值较高，并通过了显著性检验，能够认为两者间存在一定关联性。

由此，我们先选取相关性较大的排放量指标，同时为避免重复性，所以选取农业源 COD、城镇生活氨氮、二氧化硫排放量、氮氧化物排放量、机动车烟粉尘排放、危险废物产生量作为表征环境污染水平的代表性指标，然后借助 SPSS 软件构建回归函数模型，进行更精确的图形分析。

6.2.4.1 农业化学需氧量排放量与人均第三产业产值间的曲线回归估计

先尝试对数据进行线性、对数、二次、三次方程的估计及检验，获得表6.23 和图 6.20。从模型检验来看拟合度最高的是二次和三次方程，并都通过了检验，但三次方程的检验更优，所以可以得出曲线回归方程：农业化学需氧量排放量 =93353.078+3.094× 人均第三产业产值 +9.857×10^{-10}× 人均第三产业产值 ^{3}，从图 6.20 上看显然农业化学需氧量排放量作为环境污染指标

表 6.23　模型汇总和参数估计值

方程	模型汇总			参数估计值			
	R方	F	Sig.	常数	b1	b2	b3
线性	.989	449.615	.000	149682.942	−2.013		
对数	.936	73.596	.000	819157.319	−71986.545		
二次	.996	474.577	.000	124954.184	−.368	−1.922E-5	
三次	.999	776.868	.000	93353.078	3.094	.000	9.857E-10

注：因变量为农业化学需氧量排放量，自变量为人均第三产业产值

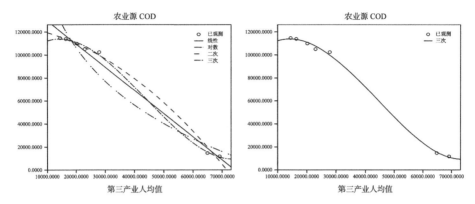

图 6.20 农业化学需氧量排放量与人均第三产业产值间的曲线回归图

时，目前其还在典型 EKC——"倒 U"曲线拐点的右侧，说明在天津经济及第三产业增长中农业化学需氧量排放量对环境的破坏程度已然改善，天津市对其产生及治理都表现较好。

6.2.4.2 城镇生活氨氮排放量与人均三产业产值间的曲线回归估计

先尝试对数据进行线性、对数、二次、三次方程的估计及检验，从而获得表 6.24 和图 6.21。从模型检验来看拟合度最优的是二次和三次方程，并通过了检验，然后综合比较可以得出二次曲线回归方程：城镇生活氨氮排放量 $=26703.249-0.745 \times$ 人均第三产业产值 $+8.221 \times 10^{-6} \times$ 人均第三产业产值 ^{2}，可以看出就城镇生活氨氮排放量而言，其目前仍以"U"型方式表现出第三产业产业增长对环境污染的扩大效应，其环境污染压力较大，因此在改善天津生态环境时需要特别重视此问题。

表 6.24 模型汇总和参数估计值

方程	模型汇总			参数估计值			
	R 方	F	Sig.	常数	b1	b2	b3
线性	.074	.556	.480	15280.575	−.038		
对数	.169	1.420	.272	35772.680	−2119.606		
二次	.601	4.513	.064	26703.249	−.745	8.221E-6	
三次	.601	2.512	.173	27556.889	−.836	1.101E-5	−2.428E-11

注：因变量为城镇生活氨氮排放量，自变量为人均第三产业产值

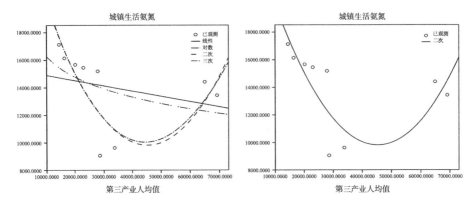

图 6.21　城镇生活氨氮排放量与人均三产业产值间的曲线回归图

6.2.4.3　二氧化硫排放量与人均第三产业产值间的曲线回归估计

先尝试对数据进行线性、对数、二次、三次方程的估计及检验，获得表 6.25 和图 6.22。从模型检验来看，拟合效果均表现一般。从图 6.22 上看当二氧化硫排放量作为环境污染指标时，其大致表现为非典型 EKC 的"倒 U"曲线拐点的右侧，说明随着近年来城市生态化进程的加快，在天津经济及第三产业增长中二氧化硫排放量对环境的破坏程度已经降低，表现出天津对其产生及治理都相对较好的态势，但两者间影响性不强。

表 6.25　模型汇总和参数估计值

方程	模型汇总			参数估计值			
	R 方	F	Sig.	常数	b1	b2	b3
线性	.349	5.888	.034	264912.624	−2.684		
对数	.241	3.491	.089	1001386.675	−80256.272		
二次	.511	5.234	.028	72931.607	9.560	.000	
三次	.519	3.236	.075	−44729.088	22.038	.000	3.393E-9

注：因变量为二氧化硫排放量，自变量为人均第三产业产值

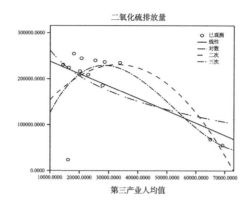

图 6.22　二氧化硫排放量与人均第三产业产值间的曲线回归图

6.2.4.4　氮氧化物排放总量与人均第三产业产值间的曲线回归估计

仍尝试对数据进行线性、对数、二次、三次方程的估计及检验，获得表 6.26 和图 6.23。从模型检验来看拟合度最优的还是二次方程，并通过了检验，然后可以得出曲线回归方程：氮氧化物排放总量 $= 507464.674 - 12.044 \times$ 人均第三产业产值 $+ 9.830 \times 10^{-5} \times$ 人均第三产业产值 ^{2}。显然以氮氧化物排放总量作为环境污染指标时，其与人均第三产业产值成负相关性，处于非典型 EKC——"倒 U"曲线的右侧，说明天津在氮氧化物排放总量的产生及治理中控制较好，于是促使天津第三产业发展表现出对环境的改善存在着良好的发展趋势。

表 6.26　模型汇总和参数估计值

方程	模型汇总			参数估计值			
	R 方	F	Sig.	常数	b1	b2	b3
线性	.859	42.506	.000	370883.409	−3.591		
对数	.948	126.853	.000	1671478.826	−138295.836		
二次	.958	68.608	.000	507464.674	−12.044	9.830E-5	
三次	.962	42.546	.001	581984.055	−19.945	.000	−2.120E-9

注：因变量为氮氧化物排放总量，自变量为人均第三产业产值

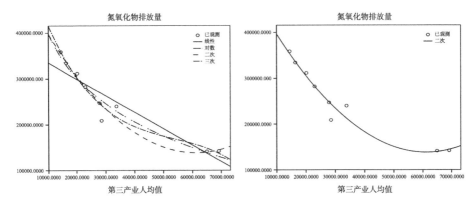

图 6.23　氮氧化物排放总量与人均第三产业产值间的曲线回归图

6.2.4.5　机动车烟粉尘排放量与人均第三产业产值间的曲线回归估计

仍尝试对数据进行线性、对数、二次、三次方程的估计及检验，获得表 6.27 和图 6.24。从模型检验来看拟合度最优的是对数方程，并通过了检验，然后可以得出曲线回归方程：机动车烟粉尘排放量 $= 11267.353 - 499.306 \times \log$（人均第三产业产值），显然以机动车烟粉尘排放量作为环境污染指标时，其与人均第三产业产值成负相关性，也处于非典型 EKC——"倒 U"曲线的右侧，同样说明天津在机动车烟粉尘排放量的产生及治理中控制较好，进而天津第三产业在发展中表现出对环境的改善存在着良好态势。

表 6.27　模型汇总和参数估计值

方程	模型汇总			参数估计值			
	R 方	F	Sig.	常数	b1	b2	b3
线性	.615	9.578	.021	6580.123	−.013		
对数	.689	12.712	.012	11267.353	−499.306		
二次	.687	5.475	.055	7096.443	−.046	3.840E-7	
三次	.688	2.936	.163	7268.903	−.064	9.415E-7	−4.826E-12

注：因变量为机动车烟粉尘排放量，自变量为人均第三产业产值

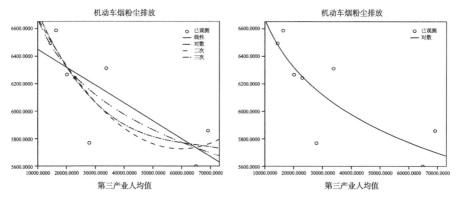

图 6.24　机动车烟粉尘排放量与人均第三产业产值间的曲线回归图

6.2.4.6　危险废物产生量与人均第三产业产值间的曲线回归估计

仍先尝试对数据进行线性、对数、二次、三次方程的估计及检验，从而获得表 6.28 和图 6.25。从模型检验来看拟合度最优的是三次方程，拟合效果较好并通过了检验，然后可以得出曲线回归方程：危险废物产生量 $=-12.848+0.003 \times$ 人均第三产业产值 $-9.463 \times 10^{-8} \times$ 人均第三产业产值 $^2+8.882 \times 10^{-13} \times$ 人均第三产业产值 ^{3}，显然其在早期表现为典型 EKC——"倒 U"曲线并向下发展，此后又以"U"型方式出现。由此可见，在天津经济增长中以危险废物产生量为环境污染指标时，前期在第三产业发展过程中危险废物对环境的破坏程度已有所好转，但由于近年来国际国内生态环境的部分负面原因，反而导致伴随产业增长其对环境污染的相应扩大，说明近期就危险废物产生量而言在天津第三产业发展中对环境的破坏程度仍压力巨大。

表 6.28　模型汇总和参数估计值

方程	模型汇总			参数估计值			
	R 方	F	Sig.	常数	b1	b2	b3
线性	.475	9.065	.013	8.613	.000		
对数	.375	5.991	.034	−39.482	5.195		
二次	.627	7.551	.012	18.600	.000	7.279E-9	
三次	.831	13.068	.002	−12.848	.003	−9.463E-8	8.882E-13

注：因变量为危险废物产生量，自变量为人均第三产业产值

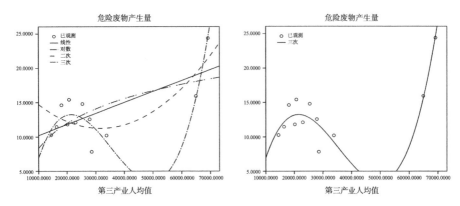

图 6.25　危险废物产生量与人均第三产业产值间的曲线回归图

　　总之，环境库兹涅茨曲线是目前各国学者讨论区域经济发展及产业结构与生态环境的影响效果的一个常用工具，且经过各国众多学者近二十年的研究积累，已逐步形成了较为丰富和全面的理论解释，因此本研究借鉴其主要的常规模型形式对天津人均 GDP 及各产业人均产值作为横坐标与环境污染指标进行对比性分析，从而推导出近期在天津经济增长过程中环境污染程度已经逐步下降，其中第一产业带动效果不明显，第二产业的良性发展是促进环境污染程度下降的主要动力，而第三产业比重的上升及发展也推动了生态环境质量的部分改善，但在于生活相关的污染指标上又体现出新的污染扩大的压力。因此，天津在构建生态城市的过程中需要从三次产业整体结构、各产业的产品结构、生产与消费方式等多方面进行结合，才能保障生态环境较为全面、细致的综合性改善。

§6.3　天津产业发展与生态环境影响的 SWOT 分析

6.3.1　优势分析

　　①优越的技术优势。天津依托区域内设有大量的科研院所及高等院校，以及与众多国际知名研究机构的合作项目等有利条件，在产业技术升级上具

有明显优势，如目前"高端化、高质化、高新化"工业结构已经初具雏形，从而推动高新技术产业占规模以上工业的比重逐年上升，每年完成新产品产值不断增长，实现了缓解生态环境压力的同时还能获得较高经济效益，从而提升了区域经济实力，也为进一步的改善生态环境奠定了必要的物质基础；同时在科技带动下，天津近年来相关环保产业发展迅速，如天津科技大学研发的可以用于海水淡化、污水处理等项目的"膜"技术就在国内处于领先地位，且在提高相关企业生产的经济效益的同时，也极为有效地推动了城市环保产业的发展。

②独特的产业带优势。天津产业发展的基础是目前环渤海地区形成的北京—天津城市产业带、沈阳—大连城市产业带、济南—青岛城市产业带三大城市产业带之一，且是环渤海地区经济实力最为雄厚的城市产业带。产业及城市集聚效应在能够大量降低物流、信息等成本的同时，也能够更好地实现封闭式循环经济，降低对能源的消耗和对生态环境的污染压力，从而在区域竞争中占据优势地位。

③丰富的品牌优势。天津品牌效应最为突出的是第三产业发展上具有明显的历史、地域优势。如以饮食业为例，天津传统的风味食品多种多样，有称为"津门三绝"的"狗不理"包子、"十八街"麻花和"耳朵眼"炸糕等品牌商品，而发展建立在现代化食品加工业基础上的饮食销售业，是既能够带来高收益，又能够减少环境污染的压力。

④排放权交易市场已逐步确立。2009年由天津市政府、中石油和芝加哥气候交易所共同成立了"天津排放权交易所"，是国内第一家挂牌的碳交易市场，可以说天津率先对控制环境污染的管理正在逐步走向公开、透明、灵活的市场化运作模式，而这将有利于企业增强对生态环境的责任意识，从而在压力与动力相结合的背景下带动行业、产业的生态化发展。

6.3.2 劣势表现

①重工业为主导的产业结构历史沉积。虽然天津产业分布呈现出集聚状态，已具有一定良好的规模经济优势，但仍属于高度集中的工业布局结构，特别是产业集聚带主要是以石油化工、钢铁冶金和机械电子为主导的综合型

工业地带，工业内部结构又偏重于重工业，而重工业在能耗上需求量较大，必然会对城市生态环境产生较大的压力。

②与周边区域产业结构过于趋同。一般来说，相对较大区域内的产业趋同在一定程度上能够获得产业集聚优势，从而促进区域经济的共同发展及一定的良性竞争，但过度的趋同则会造成诸如"恶性竞争"等更多的不良影响效应。根据联合国给出的相似系数计算标准，系数值越接近1，说明两个区域的产业结构趋同程度越高，以邱风霞[①]计算的数据来看，京津冀地区产业相似系数在2000年以前京津间为0.9以上、津冀间为0.8以上，2000年以后逐步有小幅降，到2007年京津间为0.87、津冀间为0.68，显然系数值一直处于较为接近1的阶段，所以导致行业利润普遍不高，既不利于产业的发展与改进，也不利于缓解生态环境压力的现状。

③历史延续导致的区域产业改造成本及难度较大。天津作为历史悠久的老工业基地，由于过去的城市布局导致目前在主城区遗留有大量的由老厂房、老设备支撑的工业生产线，如主城区内呈散装分布的一些小型纺织及皮革加工厂、印染厂等，由于技术原因控制其污染的能力普遍较低，使得对城区生态环境的改善造成一定难度。但从改造及搬迁成本与天津目前经济实力来看，一是还不具备进行全面重建的条件，二是如果重建则浪费的沉淀成本及资源较大。因此，如何实现经济可行的合理化新设计、新应用成为天津部分老企业及产业发展的一个难题。

④第三产业迅速发展过程中出现了文化娱乐业引发的环境矛盾日益突出。如夜市、练歌房等经营场所的噪声、垃圾处理、烧烤烟尘等扰民问题严重。此外，城市中部分街道相对狭窄，且停车位占据公共道路程度日趋严重，机动车喇叭声、车速较快引起强烈的轰鸣声、夜间工程车的噪声都较大，人车矛盾也日益突出。

6.3.3 机遇分析

①国家战略的机遇。党的十四大报告中提出将环渤海地区的开发、开

---

① 邱风霞.产业结构趋同分析[J].特区经济，2009（12）.

放列为全国发展的重点区域之一，国家有关部门也正式确立了"环渤海经济区"的概念，并对其进行了单独的区域规划。如根据 2006 年 6 月 6 日出台的《国务院关于推进天津滨海新区开发开放有关问题的意见》，再次强调开发开放的天津滨海新区已由地方发展战略上升为国家发展战略，可以说国家战略的导向为天津的发展配上了加速器和引擎，并由此将天津定位于生态环境优美宜居的国际化港口城市、北方经济中心和生态型城市。

②有先试先行的政策优势。作为全国综合配套改革试验区的天津在财政税收、专项补助、土地、金融等方面拥有国家给予的众多特殊优惠及扶持政策，创新发展潜力突出。如天津排放权交易所与人民银行金融研究所签订的碳金融试验平台的协议，就是要探索利用项目融资、风险投资和私募基金等多元化的市场融资渠道及方式促进能源链转型和排放权交易市场的发展和创新，在尝试将"碳排放权"衍生为流动性金融资产的过程中，提高天津企业及行业在国内国际市场上的资金实力及市场竞争力等。

6.3.4 威胁及挑战

①国际贸易的"绿色标准"要求压力。自 2007 年国际经济动荡以来，各国政府为刺激本国经济的复苏，纷纷出台了各种保护本国贸易的各种措施，其中不乏具有"绿色壁垒"性质的内容，且表现规模不断扩大、表现形式也越加复杂化。这种产业"绿色"发展本身在一定条件下是约束企业并进行清洁生产、增强生态责任意识的良性发展要求，但如果是建立在超时代、超技术、超环境等基础上的苛刻性"绿色标准"则不利于企业及行业的积累。因此，针对目前各国提出的五花八门的"绿色"标准，对于天津各个产业发展而言，既是威胁也是挑战。总之，天津产业、技术、制度等在国际贸易中不断突破"绿色壁垒"的过程，也是天津产业生态化发展的过程，同时也是以产业经济带动天津构建生态城市的过程。

②国内区域竞争压力。即天津成为全国综合配套改革试验区以后，成都、重庆也成为全国统筹城乡综合配套改革试验区，再后长江中游城市群、海西城市群、关中城市群等区域联盟纷纷突起，且长三角、珠三角地区已经经过近三十年的快速发展，区域经济一体化、产业集群化带动形成的城市群

产业合作、技术合作、市场体系等基础条件发展均相对较好，这对于天津在承接国际优质产业转移及形成辐射效应、构建高效清洁的总部经济等方面构成了巨大的竞争威胁。

③绿色经济核算体系的国际发展趋势压力。鉴于诸如英国电力公司耗用70亿美元防治费用以达到欧共体SO_2排放指标等国外案例，以及我国每年用于改善环境的经费也高达3000亿元左右的现状。因此，建立绿色生态城市所涉及的费用和效益必然是各个企业、行业必须考虑的问题，即需要在传统的会计核算体系中补充绿色资产、社会成本、环境成本、绿色利润等绿色会计信息，如在报表附注、财务状况说明书中客观揭示企业生产活动所耗费的能源等资源、环境污染的程度及所造成的社会责任成本、罚款等情况。正是由于这已经是当前国际经济核算规则的普遍发展趋势及要求，所以尽管核算的技术难度较大、要求较高，但是天津各产业、部门也必须逐步推进相关会计核算规则的应用，以适应国际可持续发展标准的要求，否则就会在国际竞争中处于被动或被淘汰。

第七章 以产业发展带动天津生态城市建设的策略研究

§7.1 以产业生态化升级带动结构调整促进生态城市建设

在生态城市建设中，借助产业生态化改造是调整及优化产业结构的重要手段之一，而系统地实现产业生态化则需要在结合城市的自然条件、社会发展水平、产业状况等各方面基本特征条件下，从不同行业（农业、工业、服务业）和不同层面（微观的企业层面、中观的产业领域及园区层面）有计划、有步骤地逐步推进。因此，根据前几章对于天津市自然条件、产业状况、社会文化基础等特点的分析，可以发现在天津需要优先开展产业生态化建设的内容有对原有工农业园区的生态化改造、废弃物的资源化、绿色能源战略与绿色商业计划等多方面的生态化升级的项目及措施，而本研究将从农业、工业、服务业的角度出发进行展开探寻。

7.1.1 推动天津生态农业发展的技术、政策以及经营模式

鉴于目前生态农业发展大体可以分为技术、政策和经营三个层次的生态农业。其中，技术层次的生态农业主要是侧重于对农业实施应用各种生态技术的发展模式，如采取立体种养技术、有机物多层次利用技术、物种互惠共生技术、生态优化植保技术、生态环境治理技术、秸秆及沼气再生能源技术

等生态技术改进农业生产；政策层次的生态农业主要强调政府推动生态农业的产业政策，如通过一定政策措施在乡村推广某一农业生态技术形成"生态村"或"生态农业村"，再通过示范性效应来推动生态农业的发展；经营层次的生态农业主要是讨论如何协调生态农业与农业产业化经营的关系，这是生态农业发展模式的一个关键问题，其中生态农业的产业组织效率是核心内容。因此，在探讨天津生态农业的发展过程时，也将着重从上述几个层面逐一展开。

7.1.1.1 依托生态农业技术策略的应用，扩展生态农业

以生态农业技术策略发展天津生态农业的思路而言，主要可以从表 7.1 列出的不同技术条件所适用的典型模式为指导，结合天津市各区县自然条件和人口特点，选择适宜的农业生态化生产模式，进而获得可持续性的经济效益和生态效益。

表 7.1　典型农业生态技术的发展模式与经济效益

技术类型	依据的生态学原理	可行的典型农业发展模式	获得的经济与生态效益
立体种养技术	生态位原理	多层次及复合农业生存群落、农业群落的带状组合	以土地集约化获得单位面积上的稳定高产；以劳动力密集型实现充分利用劳动力丰富的优势
有机物多层次利用技术	生物食物链原理	桑基鱼塘	充分合理利用农业资源，提升农业资源利用率
物种互惠共生技术	生物种群相生或相克的自然关系	在稻田里养殖鱼贝等、多种动物群落混合饲养	防治病虫害，提高农业总产量
生态优化植保技术	生物多样化的生态平衡原理	增加天敌丰度、种植诱集植物等	防治病虫害、保持农业生态平衡，提高农业总产量
生态环境治理技术	生态时空错位理论	轮作与间作等土地持续利用与保护技术、水土流失治理技术	耕休轮作，修复及营养土质、水分；防洪、防止水土流失
再生能源技术	生态系统能量流动原理	沼气发酵技术、太阳能利用技术	节约能源、减少环境污染，实现资源产业生态化

如结合天津市的气候条件，可以大力提倡以土地资源为基础、以沼气为纽带、兼以太阳能为动力的种养殖业结合的"四位一体"生产过程。也就是

在一定的封闭状态下，将沼气池、禽舍、日光温室和卫生间等组合在一起，形成利用太阳能在大棚内种植蔬菜及养殖牲畜，再用人畜粪便做原料发酵生产沼气用于照明，同时将沼渣作肥料又用于种植的生态农业生产模式，可以说这种生态模式既可以增加农业及农村的能源供应，改善居民的卫生与生活环境质量，又可以提高农业收益。

同时，实践表明生态农业也是目前资源产业生态化中较为成熟、有效的产业发展模式之一。如上述例子所示，在生态农业系统运行过程中，根据食物链原理、生物种群相生相克关系、生态系统能量流动原理等生态学机理，进而采取有机物多层次利用技术、物种互惠共生技术、秸秆及沼气再生能源技术等手段，则能够直接或间接地获得农业生产环节及居民生活所需的各种资源及能源，实现了物质资源利用效率最大化的同时，又减少了相关生产要素的再投入，从而降低了生产成本，还能够减少农作物生长中对于农药化肥的使用量，提高了食品品质和食品安全，并缓解了环境污染压力，甚至是还能够创造出新的经济效益的一种产业发展模式。由此，可以说生态农业技术策略的良性发展模式，不仅在一定程度上证明了产业生态化的优势，还能够为其他资源产业通过借助各种生物能源技术等条件实现生态化发展提供可借鉴的经验。

7.1.1.2 借助生态农业政策的有效实施，提升天津现代生态农业

①依托清洁能源项目带动"生态农业村"建设

根据天津市提出的清洁能源扶持项目的资金及政策支持，天津市已建成秸秆气化设施十余座，建成户用沼气池千余口，使得经济成本低廉、环保效果显著的清洁能源已进入 6000 多农户家庭。此外，在政府宣传及相关家电补贴的政策支持下，天津每年在农村快速实现太阳能热水器的安装。可以说，借助生态农业的政策策略，农村电气化改造工程正在快速发展，并推进了文明生态农业村的创建步伐，截至 2018 年天津共创建了 150 个美丽村庄。由此，天津市政府还应持续加大政策宣传和扶持力度，大力推广清洁能源项目的应用范围，并力争逐步在每百户或每村及每几个街道等建立一个清洁能源使用技术及相应设备的维修与指导工作站，在保障沼气等电气技术应用的安全性的同时，也能化解农户对于如何解决使用中可能会出现的各种问题的

后顾之忧。总之，通过扩大生态农业村的建设规模，能够降低环境污染、扩大能源规模，并为天津生态农业的发展营造出良好的社会基础条件。

②以政策推动生态示范小城镇建设，提升天津城市周边农村的城市化发展进程

天津近年来以"宅基地换房"等政策支持建设示范小城镇的试点范围较多，也由此带动相应区域内基础设施及生态环境的快速改善，如建设了多座污水和垃圾处理设施，并使得众多公共服务设施在农村得以扩展。事实上，以政策带动农村城市化率的提高是一个非常见效的措施，如目前天津全市农村城市化率快速上升到 58% 就是一个明显例证，而农村城市化的一个重要形式就是生态示范小城镇的建设。因此，天津在构建生态文明城市过程中，必然需要借助各项政策支持，不断扩大生态示范小城镇建设范围，进而在生态示范小城镇中实现自然生态、经济生态、社会生态三方面的和谐共进。

7.1.1.3 强化生态农业经营策略，促进生态农业可持续发展

①以农业产业化，促进生态农业的发展

在生态农业发展中，产业化经营等产业组织问题已成为农业转变增长方式的一个决定性的关键因素。目前在农业产业化的实践中已经形成有"市场＋公司＋农户""企业＋农户"等模式，并将种养殖业和加工业有机地结合起来，组成了一个"贸、工、农一体化""产、加、销一条龙"等多功能的整体，促进了农业效益的快速提高。由此，天津在发展生态农业过程中，同样要加强农业在产前、产中和产后的完整产业群体的结构建设，并形成资源高效利用的原料到产品、废弃物再转变为原料的清洁生产网络，发挥真正的整体功能，进而实现"高产、优质、高效、低耗"的现代集约型生态农业的可持续发展模式。同时，还要认识到生态农业产业化的前提是农业生产的规模化、标准化及专业化，因此需要在规模化生产的同时，还必须建立及规范包括生产技术规范、产品质量标准、产品质量控制与监测机制、环境与产品监测网络等标准化与专业化体系制度，从而为有效的宏观调控及管理、生产与市场的链接提供必要的基础。

②强化"绿色"农产品生产基地体系的建设，促进农业产业链生态化升级

近年来，由于城乡居民生活水平的不断提高，其对消费的各类商品的品

质要求也相应上升。因此，目前发展生态农业产业化的过程中，还需要以优质农产品生产基地为基础，进而将基地规模、管理优势扩展到农产品生产、加工、贮运、消费整个行业链中，并依托绿色、有机农产品的生态安全性特色，最大限度地提高农业综合效益。

为此，天津市首先应该在原有农业生产条件下继续扩大农业商品生产基地的建设，并在提高集约化生产程度过程中更大发挥科学管理、技术普及与应用、良种选拔等方面的优势，进而使之升级为现代生态农业基地、绿色食品、有机食品、特色水产等高层次的生产基地；其次要依托生产基地的整体优势，适度提高农产品的初加工比重，并形成品牌效应，进而带动销售扩大收益；最后，结合农产品自然的保质时间需要和生产基地的地域集中性特点，可以规模化的在运输及销售环节中借助现代化物流体系，以实现最大限度地减少周转时间，从而在保障产品最佳品质的同时，也能降低损耗减少成本，最终保障农业综合效益的有效提高。

7.1.1.4 推进农业产业园区建设，带动都市型生态农业发展

目前依托特色农畜水产品及无公害蔬菜等资源，集生产、旅游观光、科学研究、试验示范等为一体的多功能农业产业园建设也是都市型现代生态农业的重要发展模式之一。如目前在建的天津滨海金湾农业产业园、张家窝镇蝴蝶兰产业园、精武镇观赏鱼产业园、大寺镇凯润食用菌产业园、辛口镇现代农业示范园、王稳庄镇设施农业产业园等农业产业园的建设与发展进程中，已经显现出在提升农业设施化水平的同时，也促进了农业高端新品种和先进新技术的应用，并带动了观光旅游农业，实现了农业生产方式的新转变，增强了农业发展的整体竞争力。

因此，天津市急需以统筹设计、合理布局、加大投资力度等为基础，积极推进集种养生产、加工、垂钓、采摘、狩猎、农家生活体验、土地租赁和餐饮等多重功能为一体的生态环境美、经济效益突出、科技含量高、观光休闲配套服务全面的现代农业生态产业园的建设，从而适应现代都市生态农业的新发展要求。

此外，天津在促进生态农业发展过程中，还应该宽视野地搭建农民居住社区、示范工业园区、农业产业园"三区统筹、联动发展"的平台，并逐步

改变目前天津市乡镇一级就有百余个布局分散、规模小、层次偏低的大量工业园重复建设现象；以及引导各区县发挥各自优势，培育出有特色的主导农产品产业发展思路，在错位发展中实现共进。

7.1.2 促进天津生态工业发展的清洁生产模式及生态园建设

就生态工业的本质而言，是为了通过对资源的综合利用、短缺资源的替代、二次能源的利用等措施以减缓资源的耗竭，同时减少废料与污染物的生成和排放，从而促使工业产品在生产及消耗过程中与环境承载力能够相适应的发展模式。因此，生态工业在运转中主要包括了三方面的内容：第一，以采用清洁能源为起点，具体包括常规能源的清洁利用、可再生资源以及新能源的开发与利用、各种节能技术的创新及应用；第二，在生产开始之前及其进行过程中根据整体预防性的环境策略采用清洁生产[①]过程消除可能产生污染的各种因素，具体包括改进操作步骤，采用高效率设备，回收原材料及中间产品再利用设计、现代企业精细化管理等能够将"终端污染处理"转向"污染源防控"的各种措施；第三，最终生产出"清洁的产品"，即生产及提供的产品是对生态环境冲击较小的产品，如产品的使用寿命较长得以节约再生产原料及能源、产品是由易于回收再利用的材料生成等在产品使用后不会对生态环境造成严重压力的措施。由此，促进生态工业发展的路径也就主要包括了工业产品的生态化、企业及行业的清洁生产、设计与建设产业及区域各层面的生态工业园区等几种策略。由此，本研究在分析天津生态工业的发

---

① 清洁生产源于1960年美国化学行业的污染预防审计，1990年美国国会在通过的《污染预防法》中明确表述了清洁生产的核心是污染的源削减；联合国环境署对清洁生产的解释是"清洁生产是一种新的创造性的思想，该思想将整体预防的环境战略持续应用于生产过程、产品和服务中，以增加生态效率和减少人类及环境的风险"；在我国的《清洁生产促进法》中指出清洁生产是"不断采取改进设计、使用清洁的能源和原料、采用先进的工艺技术与设备、改善管理、综合利用等措施，从源头削减污染，提高资源利用效率，减少或者避免生产、服务和产品使用过程中污染物的产生和排放，以减轻或者消除对人类健康和环境的危害"；此外，国际上对清洁生产相关术语的使用还采用"废物最小化""源削减""污染预防""无废工艺"等表达。

展策略时，也将以上述内容为基础，进行展开和探索。

7.1.2.1 以工业产品的生态化，提升清洁能源和清洁产品相关产业的发展

实现工业产品的生态化就是要做到以下几点：①尽量选择对环境影响小的原材料和能源，并且减少原材料及能源的使用规模；②改进加工制造技术，包括减少加工工序以简化工艺流程、替代生产技术以降低生产过程中的能耗、采用"少废"及"无废"技术以减少废料产生和排放；③减少产品使用环节的环境影响，如汽车等运输工具、家用电器、建筑机械等工业产品在其使用阶段的环境负荷最为集中，所以需要设计生产节电、省油、节水、降噪等技术条件下的工业产品；④提升产品使用寿命以节约资源、减少废弃物——合理延长产品寿命是减轻产品生命周期环境负荷的最直接方法；⑤优化产品报废系统，既可以利用现有的销售体系派生出有效的废旧产品回收系统，也可以通过产品制造时提供的易于拆卸或能够翻新的设计、可再循环材料等方式使产品得到重复利用。因此，天津在工业产品生态化发展中，类似的也需要着重从以下清洁能源和清洁产品等相关方面进行探索。

（1）以技术促进对环境影响较小的清洁能源的使用

首先，就常规能源的高效清洁利用而言，天津是我国能源进出口及国内运输周转的重要基地，故而煤炭、石油等传统能源仓储量较高，因此需要重视以清洁技术带动石油化工业、煤电业等产业联动发展，并为社会提供高能值的能源以及丰富的化工产品。如以煤炭资源为例，鉴于直接燃烧的热能值远低于将煤进行气化后产生的能值等物理原理，故可以借助洁净煤利用和先进转化技术的优化集成，进行"煤—电""煤—电—化""煤—电—热—冶""煤—电—建材"等能源化工联产与洁净生产的发展模式，实现提高资源利用率，减轻环境伤害，节约成本的经济效益与环境效益双赢的新发展策略。

其次，对可再生能源、新能源产业的扩展而言，一般来说诸如太阳能、风能、水能、潮汐能、地热能源、生物能源、海洋能等非化石可再生能源及核能等新能源的能源获得及利用过程对生态环境的影响及污染是相对较低的，因此天津需要结合自身地理特色，尽量大力开发及利用可再生能源及新

能源，并逐步提高其使用规模及能源利用比重。如天津地处北方沿海区域，日照时间较长，沿海风力相对较大，有发展太阳能、风能、潮汐能的基本条件，因此可以逐步扩大沿海地区，特别是滨海新区区域内的风能、太阳能等建设项目，并为区域内工农业生产、生活中的各个细节上提供清洁的能源资源，例如在公共道路照明灯的设计细节上可借鉴秦皇岛市北戴河地区沿街在每个路灯杆上安装太阳能板与转轮风能双功能结合的路灯设计，在充分保障不同气候条件下的照明需求的同时，节约了石化能源、降低了环境污染压力、美化了道路空间环境，甚至也减少了电线等原材料的使用量。此外，天津地热资源丰富，同样能够实现清洁资源的循环利用过程，如将其应用于生产、生活中的热水供应中既可以节约加热能源的消耗，也减少了环境污染物的排放。

（2）以资源节约技术和管理方法，提高原材料的利用效率

实现工业产品生态化还要求尽量选择对环境影响小的原材料，由此因地制宜地以资源节约技术及相应管理方法实现节能、节料也是天津发展生态工业的重要措施之一。如天津是沿海城市，且淡水资源相对紧缺，但有蕴藏着丰富的生物资源和矿物资源的海水资源，故而可以大力发展与海水利用相关的产业项目，如将盐业、海洋化工业等，以及将海水用于发电的冷却环节等的海水综合利用及管理方法等保障清洁原材料的充分利用。

再如，天津可以根据长期的工业发展历史优势，继续完善加工制造技术、新材料的选择等提高原材料的使用效率。以造纸业为例，过去以草浆为主要原料，导致烧碱等化学品消耗量较大，并容易污染区域内水环境，且回收循环再利用残值较低。而现在改用木浆造纸，不仅能够提高纸质、降低污染，而且木纤维废纸也能够进行多次循环利用。因此，天津正在搭建"林纸一体化"管理平台，即不是通过传统意识中以砍伐原生林来增加木浆的供给量，而是通过林业新品种"速生丰产用材林"为造纸企业提供再利用能力较强的原材料，实现林业企业和造纸企业的联合，既促进双方经济效益的获得，又保障了原材料的清洁使用及循环利用效率。

（3）通过改进加工制造技术，努力发展重工业的"绿色制造"策略

天津在钢铁、水泥等重工业制造行业的发展规模较大，因此急需普及与推广以高炉煤气发电、高炉炉顶余压发电、蓄热式清洁燃烧、转炉煤气回

收、钢渣再资源化等相对成熟的节能环保技术；并加大投资力度，开发如高炉喷吹废塑料、烧结烟气脱硫、尾矿处理等较为环保的、有效的绿色技术；进而探索熔融还原炼铁技术、新型焦炉技术、焚烧炉等废弃物处理技术等创新型的、可行的绿色环保技术，从而使天津钢铁、冶金等行业实现以"热量、能量分级利用"为基础的绿色制造过程，在减少能量消耗、降低环境压力的同时，仍能够保障制造工业发展的速度与规模。

（4）提升产品使用寿命的生产设计，并减少特殊工业产品使用环节的环境压力

合理延长产品寿命能够在保障社会物质需要的基础上，减少工业产品的整体生产规模，进而减少了对于原材料的占用及能源的消耗，因此可以说是减轻产品生命周期环境负荷的最直接的有效方法。根据产品周期理论，天津工业在发展中需要通过加强工业产品耐用性、提高更换局部损坏的部件比重、生产的产品具有一定的相互适用性等方式提高产品使用寿命，从而实现节约资源、减少废弃物的环境要求。如天津通讯制造业在国内比重较高，并有三星、LG、摩托罗拉等国际知名品牌的合作项目，因此，就可以在配件更换及升级、通用电池设计及生产等方面逐步突破，打破目前电子产品快速升级过程中，产生的大量无法通用的充电器、数据传输线等电子垃圾的不利于资源合理利用的现状，也能降低电子垃圾对于环境的不良影响。

同时，鉴于天津小轿车产业、白色家电及机械制造产业等发展在国内的行业地位突出，然而诸如汽车等运输工具、家用电器、建筑机械等工业产品的特点又是在使用阶段需要大量能耗，并易导致较大环境负荷及污染的现状，因此如何设计及生产出节电、省油、节水、降噪等技术条件下的相关工业产品就成为提升天津工业产品竞争力的一个突破口。故而，天津急需不断研发电力及混合动力汽车的生产与服务技术、采用变频等节能家电技术等绿色项目，以适应行业发展的国际国内生态环保的新需要与新形势要求。

7.1.2.2 着力保障企业及行业对于清洁生产的产业发展需要

一般来说，理论上清洁生产过程是包括减少生产过程中高压、高温、易爆、易燃、噪声等环境风险因素；采用高效率设备和最佳操作步骤以减少有毒、有害中间产品的产生；提高生产流程管理，对废弃物加以回收利用等一

系列活动的组合。而在实践过程中，为实现清洁生产目标则常以最优化理论为基础，进而在给定约束条件下，寻找能使清洁生产的目标函数最优的各个自变量的赋值以及相关性关系分析，并借助清洁生产审计给予确定。

目前，清洁生产常采用的简化目标函数表达式为：$\min[F(X)-S]$，其中 X 为所要寻找的清洁生产设计、技术、管理和审计等方面的项目；$F(X)$ 为各种清洁生产方法所产生的节能、降耗、减排等改善生态环境的整体效果；S 为预定的环境标准和资源损耗的可接受标准。而相关约束条件包括：①能量守恒原理：进入生产过程的能量（如电、热能、机械能）+ 化学反应放热产生的能量 = 离开生产过程的能量（如功、热交换损失）+ 由于生产过程状态改变（温度、压力、质量等）而滞留在生产过程中的能量 + 化学反应吸热减少的能量；②物料平衡原理：进入生产过程的工作介质的质量流量 = 离开生产过程的工作介质的质量流量 + 由于化学反应等滞留生产过程中的质量流量；③末端治理成本尽量小：$\lim\limits_{t\to\infty} C_{\text{末端治理成本}}=0$。因此，天津在保障企业及行业对于清洁生产的产业发展需要过程中，需要着重从以下几个方面来推进清洁生产：

（1）强化促进清洁生产的基础性条件建设

天津市可以根据国家编制及发布的指导清洁生产审计手册等标准化文件以及相关的技术规范要求，引导区域内不同行业的企业结合实际情况逐步推行清洁生产，并在加强清洁生产培训和宣传工作的基础上，适时推出清洁生产公告制度，进而在行业及企业间树立"清洁生产典范"，达到再次深入宣传清洁生产的实践成效的同时，扩大全社会对清洁生产的意识，督促企业进行清洁生产技术合作和人才培训等活动，真正调动企业积极、主动地大力扩展清洁生产的发展模式。

（2）建立清洁生产示范项目，扩大社会影响

天津是国内重化工业基地之一，区域内有众多大型重点工业企业，因此对其全面推行清洁生产发展模式的要求，能够显著提高重点行业企业的环境绩效，并为天津市污染治理提供有力保障。而且对于大型重点工业企业而言，启动清洁生产区域示范项目又是最为直接、影响力最大的一种环境改善策略。故而，天津环保部门可以根据国家环保总局建立的清洁生产中心以及颁布的重点行业清洁生产技术导向目录，有针对性地、积极主动地引导及配

合市内大型工业企业在借鉴国家清洁生产目录的前提下，进行生态工业清洁生产区域示范点、示范项目等内容的设计、建设和宣传，为天津生态环境的优化创造扎实的物质生产基础。

（3）借助 ISO14000 环境管理 ^① 体系建设，推动行业、企业生态化运转

为了推动行业、企业进行清洁生产模式，还可以通过确立 ISO14000 环境管理体系以促进企业生态化改进，虽然 ISO14000 系列标准与清洁生产不完全相同，但二者本质上都是以实现企业环保与生产一体化为最终目标，其中清洁生产主要强调借助清洁技术等"硬件"的改进来实现环保与生产一体化，而 ISO14000 系列标准则更多的是强调通过建立规范的管理体系等"软件"措施来保障环保与生产一体化的实现。因此，在指导天津企业、企业生态化改造的实际运作中，可以首先将 ISO14000 系列标准作为企业、行业获得竞争优势和政策倾斜的重要激励和保证机制，同时将清洁生产视为是 ISO14000 系列标准得以实施的技术支撑条件，并由此鼓励企业在努力达标的要求下积极采用和扩大清洁生产规模及范围。

此外，为促进清洁生产发展，还可以通过清洁生产网络信息系统建设，促进清洁生产相关技术、标规等信息的交流，特别是还可以依托信息交流系统平台，同时建立由不同产业和行业专家组成的专家网络互动窗口作为专业技术指导与支持力量，从而扩大清洁生产的影响范围与力度，并以技术保障末端治理成本尽可能地降低。

7.1.2.3 促进生态工业园的综合化及协调性发展

生态工业园常被视为是继末端治理和清洁生产之后工业可持续发展的第三个阶段，与主要关注改进企业内部的技术和管理体系以实现预防污染，侧

---

① ISO14000 系列环境管理标准是国际标准化组织制定的一套标准化环境管理体系和管理方法，它包括环境管理体系（EMS）、环境审计（EA）、生命周期评估（LCA）和环境标志（EL），其核心是已成为国际标准的 ISO14001 标准，企业实施 ISO14001 标准就意味着要在内部建立一套标准化的环境管理体系，并由第三方认证机构依照标准及各国法律要求进行环境管理体系审核，符合标准的即通过认证，取得认证证书。

重微观企业层次的清洁生产工业战略相比，生态工业园模式则是更侧重于宏观产业及区域经济层次推进生态化的发展战略，是以研究产业组织形式和约定区域范围内经济效益的实现为起点，讨论如何在不同企业间建立以资源及阶段废弃物的循环利用为核心的工业共生系统。

鉴于天津工业发展的资源环境约束主要表现为：水资源短缺以及天津长期以来是以重化工业为主的产业结构，其对能源的需求规模较大，于是导致工业生产中"三废"排放压力形成的环境污染问题相对偏重等一系列问题，故而急需借助循环经济理念下的生态工业园区的建设与发展，形成系统的封闭式工业产业链的规划与设计，进而实现产业生态化改造，为此需要着重做好以下几方面工作：

（1）以产业生态理论为基础，对生态工业园进行系统的、细致的、因地制宜的布局、规划和设计

根据《天津生态市建设规划纲要》提出的到 2015 年要建成以清洁生产、高新技术、循环发展模式为主导的生态产业体系的目标，天津市近年来以来结合石油化工、海洋化工等产业优势，陆续启动了近 300 个重点生态项目，并在借鉴 2 个国家级生态工业示范园区①和 30 多个省级工业园区（含开发区）的建设经验的基础上，正在逐步推进大港石化产业园、渤海化工生态工业园、高科技园、空港物流加工区、北疆电厂经济产业区、子牙环保产业基地等八大生态工业园的建设步伐，在带动 50 余条产品链的生态化发展的同时，促进着天津精细化工、海洋工业、民航科技等行业的优质发展。其中，大港石化产业园区将建成以石化为主导的环保型、节约型、集约型生态工业园区；在临港工业区建设的渤海化工生态工业园区是以海洋化工为主的生态园区；在空港物流加工区的区位优势条件下，依托"空客项目"构建国家级民航科技产业生态化基地，建成国际知名度生态物流加工和集散中心；在海河下游工业区推进冶金行业的系统优化，并搭建集成整体行业优势的生态工业园；而新技术产业园区在已有的高校、科研院所和企业集团研发基地的良

---

① 2008 年 3 月 31 日通过验收批准命名的国家生态工业示范园区——天津经济技术开发区国家生态工业示范园区和 2008 年 8 月 25 日批准建设的国家生态工业示范园区——天津新技术产业园区华苑产业区国家生态工业示范园区。

好基础上，正逐步建立以电子信息、绿色能源、生物技术、纳米材料等为主导的生态型高科技园区。

总之，天津市在建的众多重点生态园区项目在整体上已形成一定成效，也具有一定社会影响，但在园区设计及建设细节上以及与园区周边的协调上、因地制宜的实现效率上等多方面仍存在不足。因此，还需对生态工业园进行更为系统的、细致的补充设计，更全面地完善相关建设条件。

同时，由于符合产业生态理论的产业集群发展模式是产业生态园的重要构成形式之一，且生态型的产业集群既能够高效的提升产业生态效率，也是今后产业发展的主流，并能够带动有利于改进传统产业向纵向延伸以延长产业链、提高经济效益的产业深化发展模式的确立，进而优化产业结构，且一定程度上根据国际惯例还常常将生态效率标准作为衡量产业结构优化程度的一个重要标志，因此，天津在对上述生态工业园的建设过程中，也必须以适当的产业集聚形式及合理布局来推动生态工业园的产业发展效率，进而促进产业生态化的改进。

（2）依托产业组织优势，加大以绿色生产技术及资源梯次流动技术促进产业园区的生态化改造

科技进步是产业生态化改造的必要条件及重要路径之一，而工业园区结构设计本身就是能够较为集中的更经济有效地应用各种先进的生产技术促进企业实现生态化运转的一种组织形式。一般来说，阶段废弃物的再利用方式主要有两种：①原级资源化，就是把阶段废弃物生成与原来相同的产品，但技术难度较大，且回收效率不高；②次级资源化，就是把阶段废弃物变成与原来不同的、新的可用产品。显然，次级资源化在工业生产系统中更容易实现资源和能源的循环利用，可行的技术条件相对更易于展开，能够真正做到行业、企业间的"资源共享，各得其利，共同发展"的目标，且在生态工业园内依托组织结构优势，更能使废弃物资源化或把有害环境的废弃物减少到最低限度。

因此，天津市在发展生态工业园时，就需要鼓励区域内各个企业尽最大能力地采用"无害化"或"低害"的新技术及新工艺、新材料等技术措施，并相互配合与衔接实现原材料和能源的梯次流动和重复利用，提高资源的使用效率，并促使可能造成环境污染物的排放消化在园区产业链生产过程之

中，实现园区内"少投入、高产出、低污染"的生态产业链体系。

同时，借鉴早期美国的 ICF.Kaiser 咨询公司对于 1980—1994 年间标准普尔 500 种股票中的 330 家公司的环境管理体系和环境表现以及同期公司风险系数的变化，在建立数学模型分析后，结果表明公司风险系数的降低与环境管理体系及环境表现有很大的相关度，而将降低的风险系数输入到证券市场模型后又会出现公司股票价格上涨、公司市场价值提高的良性发展。由此可以推出，具有良好环境表现的公司会促使公司风险减低，而当风险降低能够被投资者认同时，会使得投资者在短期不要求很高的预期收益，而是看好长期稳定的预期收益，这样相当于减少了企业一定的现金流量要求，从而带动该公司的股票价格提高，最终提高企业市场价值[①]。由此，可以看出环境因素对于实体经济效益的重要性，所以应该在生态工业园中引导行业、企业以长期经济效益与生态效益为基本动力，并集中优势打造品牌园区、品牌产业、品牌企业，增强生态园区的经济效益、社会效益和生态影响。

（3）要强化政策引导和对生态园区管理的支持

为了使生态工业的发展模式在天津市得到迅速扩展，还需要市政府相关部门与生态园区建设及管理部门的相互配合与共同支持。如可以在金融、税收、就业、培训、社保等方面提供各种优惠政策以及相关配套措施，从而激励企业能够积极主动地进入到生态工业园，并在园区内自发地结合园区整体组织结构要求形成生态产业链，构成生态化的工业共生网络，并使得由生态工业园设计、建设及管理过程中形成的网络式服务领域，也能够借助工业共生优势以综合交叉的各种服务技术、内容等形式表现出来，进而充分展现出生态工业园区的产业发展及竞争优势。

此外，在生态园区内还应该结合国家已颁布出台的各项相关法规及指导性文件，制订适应该生态园区发展所必需的园区管理法规及规章制度，在对生态工业园采取规范化、标准化、精细化管理的过程中，形成以经济激励为基础，配合一定的惩罚措施，以调动生态工业园内企业间的公平竞争与健康发展，进而促进生态工业园的建设及不断进步。

---

① 李佩琳编译.改善环境管理体系和环境表现会提高股份公司市场价值 [J]. 中国环保产业，1997（5）.

7.1.3　天津生态服务业的发展

加快现代生态服务业的发展，是转变天津经济发展方式、调整经济结构的重要支撑内容之一，也是实现依托生态实力提升城市综合竞争力的一种战略选择。因此，需要在完善现代生态服务业布局规划基础上，持续推出阶段性的具体行动计划，并从现代金融、现代物流、总部经济、服务外包等生产性服务业与商贸、会展、旅游、文化产业等生活性服务业两个层面进行双向协调共同发展，实现提升服务业能级与知名度。此外，还应该积极吸引国内外大型龙头企业，特别是世界及中国前百强企业进入天津市相关服务业领域，从而在获取先进管理方法及技术的同时，提升服务质量、扩大经济与社会效益、增强城市竞争力。

就金融业发展而言，要尽量集聚多元化的各类金融机构，扩大投融资平台和渠道，以金融市场、金融产品等的创新增加融资规模与融资能力，建成与北方经济中心相匹配、相适应的现代金融服务体系；而为了构建国际化物流中心，天津还需持续完善商贸流通体系，在提升商务服务水平的同时强化绿色运输及环保包装等生态化改造；并积极发展信息咨询、服务外包、总部经济、会展经济、文化创意等环境影响力小的新兴服务业，在扩大产业经济效益过程中实现发展模式的转移，促使天津注重内涵式发展，形成以高端服务业为主的产业结构，在整合优势资源，突出天津城市特色中走技术创新型、优质服务型、生态都市型的发展模式及建设思路。

此外，结合天津历史及文化特色，还可以把商贸与文化及景观相结合，整合旅游资源的融合，促使旅游业成为天津重要发展的战略性产业之一。天津的纺织业、服装加工业、小商品贸易等产品在国内均处于一定优势，因此目前天津发展旅游业的重点就是如何促进文商旅融合的互动发展，即在不断提升的五大道历史风貌建筑群、意式及德式风情街区、盘山风景名胜区等景观旅游的基础上，同时打造购物旅游精品从而带动商贸业的快速、高效的发展。事实上，近年来天津在大力改造历史风貌建筑及文化场馆等项目中，已经带动了周边环境质量的改善和提升，为打造"新天津、新生态"品牌名片提供了一定的良好基础。

§7.2 依托循环经济理念建立节能环保的综合产业链

在一定程度上，发展循环经济能够改变产业价值链的分布，如从过去长期向资源型企业倾斜的产业价值链分布，逐步转移为向掌握循环、环保等技术的高科技以及服务型等产业倾斜的产业价值链分布。因此，天津在依托产业发展推动生态城市建设的过程中，必然需要借助循环经济理念打造节能环保的新型综合产业链，形成三次产业、各行业间的大循环和互动，为保障循环经济产业发展模式提供指导性建议 [①]。

7.2.1 以优化产业结构促进天津循环经济产业链的形成

目前，天津需要在落实国家重点产业调整规划的基础上，继续完善经济发展方式的转换，在继续发挥工业对经济支撑作用的同时，优化产业布局与产业结构，走新型循环工业产业化道路。其中，在搭建循环经济产业链的过程中急需着力发展高端产业，形成以高新技术产业为先导，战略性、环保型新兴产业为核心，优势支柱产业为支撑的现代产业体系。

在促进高端产业发展中，特别是需要用新型循环节能技术改造提升传统产业，自主创新提高科技含量和附加值，拉长产业链条，加快石油化工、装备制造、航空航天、电子信息等天津优势支柱产业的高新技术与节能降耗、资源循环再利用技术的应用规模，并对冶金、石化、电力等行业开展能源管理和清洁生产审核，推动清洁生产企业在全市工业的比重，促进天津重点发展的产业链能够实现全程循环化、生态化、效益化。

7.2.2 借助产业集聚组织形式搭建天津循环经济产业链平台

循环经济产业链平台的搭建离不开以产业集聚为基础的集约式产业发

① 王瀛.循环经济视域下资源型城市产业转型研究 [J].科技管理研究.2010(11).

展模式。由此，天津市可以结合现有的临港"重装"、南港"重化"等产业聚集区，继续适时适度地推动大型装备、生物医药、精密机床、汽车、电子信息等资本密集或技术密集、清洁环保的重点项目，同时积极鼓励行业骨干企业进行强强联合建设高端产业发展集聚区，形成以骨干企业和重大项目为龙头，搭建并依托总部经济效应，促进大企业、大集团带动的产业集聚区内产业循环链的建立与发展，进而打造国际知名品牌生态化产业聚集区、品牌产品和驰名商标，力争在国内国际产业发展中具有明显的区域影响力和竞争力。①

此外，天津除了对工业进行高技术化的循环改造以外，还应该重视城市服务业的升级与循环产业链的扩张，如以海河沿岸为基础，打造海河旅游业、餐饮业、文化娱乐业等产业集聚品牌，并与农业、环保行业等产业进行衔接，实现废弃物的循环利用，促进循环产业链的形成。总之，天津需要依托各产业协调配合的、形式多样化的、全方位的循环经济产业链条，形成农业、工业、服务业"三轮驱动"的循环经济效应，进而保障天津经济的可持续发展和生态循环型城市的建设。

7.2.3　天津循环经济产业发展整体构架

在将综合实施循环经济的系统分解为微观体系表现（个体内部的循环利用）、中观体系表现（行业、部门间的物质循环）、宏观体系表现（社会循环经济体系）的基础上，以生态农业、生态工业、生态服务业为主干，并结合上述天津循环经济产业链的发展要求，可以大致设计出天津循环经济产业发展构架链条图，如图 7.1 所示。其中，目前天津正在重点建设的循环经济产业链主要有石化、电水盐联产、现代冶金、汽车制造等产业发展项目，且其能源应用上对于海水淡化、太阳能、沼气、地热等清洁能源利用程度持续提升，也因地制宜地提出了多种循环模式的探索与实践，如在滨海新区建设的天津经济技术开发区作为中国首批循环经济试点园区创造了国内知名的"泰达模式"，以及在建的以再生资源利用、海水淡化等新型产业为基础的子牙

---

① 王瀛 . 关于总部经济发展的若干思考 [J]. 生产力研究 . 2009（12）.

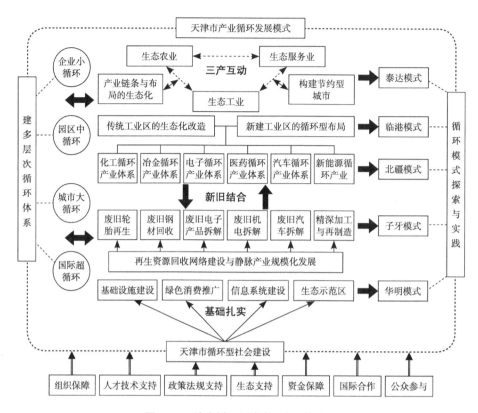

图 7.1　天津市循环经济产业发展构架

循环经济产业园、北疆电厂等国家级循环经济试点项目，均对天津发展循环经济提供了有益的探索。因此，天津市仍需以"三产互动""新旧结合""基础设施条件扎实"等为前提，综合式发展循环经济，从而带动天津城市生态环境的不断改善。

§7.3　推动低碳产业发展，提高天津生态竞争力

近年来，天津市为应对发展中的资源、环境制约，已逐步通过发展绿色新兴能源、推行循环经济生产模式、提倡低碳化生产与消费等多方面措施，

初步形成了"低能耗、低排放、高品质"的低碳经济发展理念及经济发展趋势，特别是有着"先试先行"政策优势的天津滨海新区在低碳经济及产业发展中正在发挥着一定的实验区及示范作用，如以天津港保税区空港经济区、天津经济技术开发区、中新生态城等为代表的新区功能区都提出了对节能减排企业给予相应的奖励、清洁能源与可再生能源利用率要求等详细的节能减排方案与考核标准。因此，天津市需要继续以点到面的逐步扩展低碳经济与低碳产业的发展规模，进而最终提升天津市整体经济增长质量，在国际新形势下获得生态竞争力。为此，目前天津市发展低碳经济及低碳产业时可以从建立低碳产业集群、改善能源结构发展可再生能源、扩展碳交易市场、培育绿色生产与低碳消费观、建立低碳经济示范区、优化绿色出行等基础设施等多种节能减排措施及低碳发展思路加以展开。

7.3.1 依托低碳产业集群建设，扩大低碳产业发展规模

产业集聚是产业集约化发展的重要组织形式，也是经济增长模式中经济效益很高的一种产业布局与产业构成，故而在现代产业发展中非常重视产业集聚的形式及程度，也成为代表区域产业发展趋势及竞争实力的重要参考标志。所以，目前天津在提倡发展低碳经济的发展目标时，就必须以低碳产业集群建设为起点，逐步发挥产业集聚优势，进而扩大低碳产业及低碳经济的发展。

因此，2010年4月在天津召开的"2010年中国节能减排和可持续发展"论坛上，天津市就提出要在未来两年内在滨海新区投资140亿元优化产业结构，将围绕新材料新能源、航空航天、生物制药、电子信息等6类重点工程建立低碳产业集群，提升天津滨海新区在发展生态产业的优势地位，并显现天津经济增长的潜力，而这也是天津市优化产业布局，依托低碳产业集群建设，扩大低碳产业发展规模的重要发展思路。

7.3.2 转换能源结构，搭建低碳产业的发展平台

一定程度上，可以说低碳经济是以能源变革为核心的发展模式，并涉及

低碳能源、低碳产品、低碳技术等开发利用领域和相关行业，如电力、交通、建筑、冶金、化工、石化等行业，显然能源结构是影响一个区域低碳经济能否实现的一个关键性因素。

因此，天津在能源利用上，需要在扩大应用风能、太阳能、海洋能源、地热、生物质能等可再生能源的相关产业发展过程中，提升清洁、安全、高效、可持续的能源供应系统和服务体系，最终形成常规能源清洁利用与可再生能源相互衔接、相互补充的能源供应模式和能源节能型城市。如对于天津经济发展中的水资源匮乏问题来说，以再生水和海水淡化等非常规水资源利用为目的的相关产业发展就能够通过中水回用、雨水收集、海水淡化等措施建立城市直饮水系统，在保障工业生产用水及居民生活用水的基本要求下，实现能源节约型的低碳发展模式。同时，天津还应该结合地热能、太阳能等自身优势，大力发展深层地热能梯级利用、兆瓦级屋顶太阳能光伏发电、风能发电机组等方面的低碳能源和相关产业，从而既实现了能源低碳化产业发展要求，也为天津经济发展提供了所必需的大量清洁能源。此外，对于能够有效控制温室气体排放的新技术，如煤的清洁高效利用、二氧化碳捕获与埋存等领域也应该重视研究及开发。

此外，通过诸如节能灯具厂先将节能产品提供给企事业单位使用，等待使用部门由于节约电费获得了收益，然后再从获益中拿出部分资金返还节能产品的购置费等能源管理形式，可以非常积极有效地带动低碳型能源的迅速推广或普及，最终在体现交易双方双赢的过程中，促进了低碳产业的发展。再有，如根据韩国政府的相关研究及估算所示，"发展再生能源产业比传统制造业能够多创造 2～3 倍的就业，尤其是发展太阳能产业、风力发电业，更是需要 8 倍于普通产业的就业人口。"显然，在以改善能源结构促进低碳产业发展的同时，也能够给城市居民带来真实的经济收入，也更能有效地鼓励企业及员工的工作积极性，也为发展低碳产业搭建了扎实的人力资源平台。

7.3.3 以市场机制，促进低碳经济及产业的快速成长

通过建立碳交易市场是支持发展节能减排要求的低碳经济的一种重要市场措施，目前在京都机制下主要表现为两种不同但又明显相关的碳排放交易

体系：一是以配额为基础的交易市场，就是通过控制碳排放总量，形成经济意义上的碳排放权的稀缺性，从而使其成为可供交易的商品，即形成碳排放交易体系，于是买者在"限量与贸易"体制下购买由管理者制定、分配的减排配额；二是以项目为基础的交易市场，其代表着负有减排义务的缔约国之间，在清洁发展机制（CDM）和联合履约机制条件下，可以通过国际项目合作获得碳减排额度，并由此补偿某国或某企业未能完成的减排承诺，即买者向可证实降低温室气体排放的项目购买减排额。目前，国际上主要形成了两个区域性核心碳市场，一个是京都机制下的欧洲（欧盟排放交易体系）模式；另一个是自愿减排机制下的北美（芝加哥气候交易所）模式，并在全球范围内建成了较大的四个交易所[1]专门从事碳金融的交易，且碳排放信用类的环保衍生品也发展迅速[2]。

总之，碳交易市场是以经济利益为基础，通过市场化运作实现经济发展低碳化目标的一种可行性创新。虽然总体来说目前国际碳交易市场仍处于发展阶段，但目前大多数国家都建立了自己的碳排放交易市场，并以此为促进本国低碳竞争力提供有利条件。因此，天津及我国各个城市在发展中也需要借鉴国外市场化机制，推动城市产业低碳化发展。

为此，天津早就在开发区启动了全国首个区域规划性碳交易项目，天津开发区区内企业通过实施蒸汽凝结水回收、离网型太阳能发电、非电空调、太阳能照明等节能减排项目所消减的二氧化碳减排量都能够被核算整合，再统一向联合国申报交易，而最终用减排废气换回美元，且据测算，目前天津每年可供整合的二氧化碳减排量超过 50 万吨，按照 10 美元/吨的价格计算，年温室气体减排收入可达 500 万美元，显然如此大的经济效益必然能够极大地激励企业尽最大努力实施节能减排的要求，从而促进产业发展低碳化以及

---

① 包括欧盟的 EU ETS、澳大利亚的 New South Wales、美国的芝加哥气候交易所和英国的 UK ETS。

② 如纽约商业交易所推出了温室气体排放权期货产品，并牵头组建全球最大的环保衍生品"绿色交易所"，尝试用市场方式促进全球性环保问题的解决，而在"绿色交易所"交易的环保期货、期权和掉期合约将涉及包括碳排放物、可再生能源等广泛的领域；同时欧洲气候交易所也推出了碳减排权的期货产品，通过引入标准格式的碳减排权合同以吸引全球的交易者。

经济增长低碳化。

7.3.4 培育绿色生产与低碳消费观，带动低碳产业的发展活力

为了实现以"绿色生产""低碳消费"为前提的低碳经济，就需要在资源环境承载力指导思想下，对于天津城市发展中每一项拟新上项目的规划及设计进行预先严格的绿色技术、资源消耗、环境保护等方面的可行性评估，坚决在源头上消灭高耗能、高污染的行业及企业在天津市落户，从而保障绿色低碳生产模式在天津生态城市新发展中被全社会、各类经济主体普遍接受和认可，形成只有是生态化的低碳产业才有在天津发展的机会和可能的习惯性思维及意识。

同时，从社会生活角度而言，低碳城市建设还需要重视城市社区绿化率、燃气普及率、节能家电使用程度、保温住宅以及绿色家居与建筑比重等低碳消费方面的改进，如通过向公众提供碳排放信息让居民更深刻、更直观、更生动地感受到"低碳"与我们日常生活息息相关，进而能够主动配合及支持保障节能减排的生产及消费要求，从而在诸如尽量使用节能灯具、随手关闭电源、少用一次性餐具、双面使用纸张等生活细节体现出节能低碳消费观，最终带动 LED 光源、再生造纸、环保餐具等相关众多低碳产业的发展活力。

7.3.5 以绿色交通体系为契机，推动城市交通业低碳化发展

国际上，在建设生态城市模式中，以绿色交通为起点促进城市低碳化、生态化改造已被许多国家采用，并获得显著成效。因此，天津在建设低碳型生态城市过程中必然要提倡在交通运输方面的变革，必须注重发展公共交通、轻轨交通，并由此提高公交出行比率，而且规定或限制私人汽车碳排放标准，以降低城市汽车尾气排放对城市大气环境的污染程度。

同时，天津汽车业在清洁能源动力研发、电动汽车实验项目、混合动力车生产等方面已有一定基础，故而更应该在清洁能源机动车生产及相关配套服务上加大宣传力度及销售规模，进而力争成为国内电动汽车普及示范城

市，为此也可以借鉴日本政府从 2009 年开始实施的向购买电动等清洁能源动力机动车的企业或个人支付一定补助金的措施，以便较为快速地推广环保车辆的普及战略。

此外，天津还应该配合城市区域规划，在大中型居民居住社区周边改善人行道和非机动车车道的设计及修建，保障居民能够就近以步行、骑自行车以及社区公共电动汽车等绿色出行方式到达超市、公交地铁站点等主要活动场所，从而减少碳排放等环境污染压力，并还可由此派生出自行车租赁业、小型公共电动汽车运输业等低碳行业的发展。

再有，天津还可以借鉴在德国出现的汽车公租服务的一种汽车消费模式，即不再是每人购买（占有）一辆汽车，而是由几个相近社区内的居民集资购买多辆汽车，每位居民再根据出行需要随时预约使用汽车。这种汽车消费创新区别于一般性的租车业务或乘坐出租车，而是能够使居民在享受开车乐趣的同时，又获得了熟悉性能及个性化的汽车使用权，最终提高了汽车使用效率，节约了生产汽车的社会资源，缓解了修建停车位对绿地占用的矛盾。由此，天津也可以在中新生态城、华苑产业区等大型社区进行尝试及创新，并逐步将这种环保的新型汽车租赁业不断扩展到更广泛的地区。

7.3.6 建立低碳经济示范区，扩展低碳经济及产业发展的认知度

以天津在建的中新天津生态城为例，其以建设低碳城市为目标，并在提出的打造低碳经济示范区和生态宜居新城区的发展规划中提出了众多阶段性目标，如到 2020 年全部采用清洁能源，可再生能源利用率达到 20%，建筑实现 100% 的绿色建筑要求等。为此，生态城以构建循环低碳的产业体系为基础，采用及实施了大量的绿色技术和低碳能源项目，力求实现生态城区域内所有工农商业生产所创造的百万美元 GDP 的碳排放强度必须低于 150 吨、垃圾回收利用率达到 60% 以上等低碳生态指标，目前在建设过程中已经成为天津低碳发展的实验学习基地，日后全面建成后更将成为扩展低碳产业发展的指示标，并为天津市更适宜、更深刻的区域产业规划布局、构建低碳经济示范区和生态宜居城市提供经验。

　　总之，目前在天津市已颁布的《天津市生态建设与环境保护规划》中，已明确了要以生态经济、生态环境、生态人居、生态文化四大体系建设为发展目标，建设生态型低碳城市。由此，天津市就需要在政府有序发展的规划及引导下，加快制定包括低碳监测、考核、管理标准等相关法规及指定文件，加快自主创新能力以发展低碳产品和低碳技术，加快开展行业、企业、城市、社区的低碳发展试点项目，推动全社会生产、生活方式和消费观念的低碳化转变，以将天津建设成为以新型城市化和新型产业化为依托，涉及水环境及大气环境治理、固体废物处理处置、生态环境保护等多方面生态改造内容，搭建由优美、健康、安全的生态环境体系与循环、低碳、高效的资源利用及生产生活体系共同配合的经济发展模式，为此所采取的低碳技术与措施可见表7.2。

表 7.2　天津市目前适用的低碳技术和措施

行业	适用的关键技术和做法	有效的政策和措施
能源供应	改进能源供应和配送效率；煤改气；可再生热和电（水电、风电、太阳能、地热、生物能）；核电；热电联产等	针对可再生能源技术的上网电价补贴；差别电价等
工业	限制高耗能产业发展；推广使用高能效终端设备；余热和可燃气体回收；材料回收利用和替代；控制废气排放等	节能工程；关停落后产能；针对能源服务公司的激励措施；节能监察制度等
废弃物	废弃物回收利用；废水处理和利用；填埋与回收；核废弃物回收利用和最小化	循环经济；有关废弃物管理的规章制度；限塑令；资源（包括废弃物）综合利用政策等
建筑	建筑节能标准；节能墙体材料和建筑物围护结构；高效照明和采光；高效电器；高效供热和制冷装置；节水技术；智能化楼宇等	家电标准和能效标签；政府强制采购节能产品制度；绿色照明推广；阶梯水价等
林业	植树造林和再造林；木材替代；使用林产品获得生物能以替代化石燃料的使用；以林换取碳减排等	环保林业工程；碳交易；林业产业化等
交通运输	城市布局及路桥结构的优化；更节约燃料的机动车；混合动力车；低碳燃料替代；公共交通优先；非机动化交通运输（自行车、步行等）等	利于节能的城市规划；以排放标准设计车辆购置税；有吸引力的公共交通低票价政策；征收燃油税；实施《汽车燃料消耗量标识》等

§7.4　强化环保产业的建设

目前，环保产业被视为当今世界最具发展潜力的"朝阳"产业之一，许多工业发达的国家都非常重视环保方面的投入和环保产业的发展，且其产值超过国民生产总值 1% 以上的国家数目逐年快速递增。可以说，环保产业的快速发展是保障生态环境的物质及技术基础，是实现城市生态化可持续发展战略的重要措施之一。因此，天津当前急需承接 20 世纪 60 年代形成的供销社为主体的废旧物资回收管理运行模式，利用北方废旧物资回收利用传统基地的良好基础，紧跟国际环保产业发展形势进行市场化改造，从构建完整的环保产业体系、加快自主科技创新、推动静脉产业园建设、创建多元化的环保产业投资基础、促进龙头企业的带动作用等多个方面强化环保产业的建设与发展，为构建生态城市提供保障。

7.4.1　依托健全的环保产业体系，发展重点环保产业项目

一般来说，产生环境污染的主要来源有生产经营活动产生的污染（如工业"三废"）和生活消费活动产生的污染。对于环保产业而言，必然会是一个与生产、生活、服务、消费等过程密切相连的工农商各产业部门之间有着极高关联度、涉及范围广泛的特殊产业，并形成包括环保产品、环保技术、环保服务、资本市场等多层面内容的环保产业体系（如表 7.3 所列的部分项目），其基本作用就是通过生态恢复和保护、治理污染、资源再生等产业行为使社会经济系统保持生态平衡。因此，城市环保产业的发展需要从整个环保产业体系出发，根据区域产业发展现状及环保需求等前提制定适宜的、综合的环保产业发展规划，进而突出发展重点环保产品及服务等产业内容。

表 7.3　环保产业体系主要类别及内容

项目	产品类别或服务内容
环保产品	水污染治理设备；空气污染治理设备；固体废物处理处置设备；药剂材料；环境监测仪器
洁净产品	低毒低害产品；低排放类产品；低噪声产品；可生物降解产品；有机食品
资源综合利用	废弃资源回收产品；固体废物综合利用产品；废水（液）综合利用产品；废气综合利用产品；废旧物资综合利用产品；其他产品
环保服务业	环保产品经销；环境工程；环保技术服务与咨询；污染治理设施运营管理；环保技术开发

　　从近期天津主要环境污染现状以及对水、空气、固体废弃物的污染治理设备等环保产品来看，目前天津市的传统工业污染治理市场已经较为完善和基本接近饱和，但对于以城市污水及垃圾处理、粉尘治理及烟气脱硫等为代表的新市场要求增长迅速。由此，目前天津需要结合当前地情，制订相应的环保产业发展规划，并采取分步骤、多梯次的方式，逐步推进环保产品与洁净产品的生产、资源循环利用、环境保护服务业等领域的建设；同时还要持续完善物质再生体系及回收网络，以废物的资源化提升资源综合利用效率，改变部分环保企业由于生产及非生产经营性成本支出过高，导致利润水平偏低、行业发展动力不足的现状。

　　其中，当前特别急需在"水务"洁净技术与产品以及对于生活垃圾与建筑垃圾的合理化处理等方面进行环保产业化发展，如铺设可以实现工业生产用水与生活用水分供的"中水"回供管网和污水处理设施，促进一定区域内水资源循环利用效率；将生活垃圾填埋场的有害气体沼气用于沼气发电或将垃圾焚烧发电，进行建筑垃圾分拣再回收等资源综合利用项目采用各种措施进行产业化发展。

7.4.2　以自主科技创新促进环保技术及产业的发展

　　一定程度上，环保产业发展的核心就是技术创新，通过技术创新能够很好地改变经济活动对环境所造成的负外部性。故而，可以说环保产业是高新技术与环境保护的一种最佳结合，环保产业也常被认为是对研发投入要求非常高的技术驱动型产业。

由此，天津在提倡发展环保产业时，也需要充分重视科技创新对于环保产业的重要影响，进而形成在以企业为主体、市场为导向的基础上，着重搭建由高等院校、科研院所和企业联合攻关的产学研结合的技术创新体系，特别是要重点发展具有自主知识产权的环保技术，并将科技成果迅速应用于生产实践以实现环保高新技术产业化，进而提高环保产业的经济效益与竞争活力。此外，天津还应该在发挥环渤海经济圈战略优势基础上，加强国际环保产业技术的交流与合作，在引进、消化、吸引国外先进技术的过程中加快环保产业的发展速度。

7.4.3 培育龙头环保企业集团，增强环保行业企业竞争实力

在市场经济竞争机制中，行业企业能够实现降低成本、增强竞争力的重要途径之一就是适当扩大规模以取得规模效应，从而获得经济效益与竞争优势。但天津市的环保企业多数规模相对较小、经营效益一般、行业竞争力不强，还没有形成龙头带动式的环保产业大型企业集团。

因此，天津急需根据市区主要环境污染源以及"十一五"国家环保工作重点，在城市污水、垃圾处理、危险废物处置等城市环保重点需求领域，有计划、有目的地选择与扶持一些已有一定规模实力和发展潜力的技术水平相对较高的、基础条件较好的环保企业，使其成为环保核心技术竞争力强、规模效应明显的现代化、专业化环保设备制造、环保服务等骨干企业。以"水务产业 ①"为例，世界水务业的主导产业模式是大型水务集团，如法国威望迪环境集团 ② 就是主要从事水务（供水及污水处理）、垃圾处理、公共交通等环保业务的全球第一大环保产业服务公司。故而，天津需要借鉴国际经

---

① 水务产业包括供水、排水、污水处理、中水回用等。

② 法国威望迪环境集团于 20 世纪 80 年代进入中国市场，在华投资已超过 10 亿美元，在中国创造了多个第一，如在天津建设并管理了中国第一个有毒垃圾处理项目，在广州建造并运营了中国第一个私营垃圾填埋厂，在成都建成了中国第一个以 BOT 方式建设的自来水厂。

验，整合已有的污水处理厂、海水淡化企业、科学技术研究单位等众多部门，形成大型骨干龙头水务集团，并打造出国内知名品牌，进而带动行业规模经济效益的实现与竞争力的提升。

此外，天津市还可以利用"先试先行"等政策，鼓励科研设计单位转变成科技型企业、对环保企业进行股份制改组、以资产与技术为纽带实施跨国的联合与兼并等具有战略性、结构性调整性质的改革，推动环保企业的产权关系和运营管理机制的进步，增强环保市场中的企业的发展活力和国际竞争实力。

7.4.4 扩大多元化的环保产业投融资基础

与一般行业相似，建立与市场机制相适应的多元化产业投融资机制，拓宽投资渠道、加大投资力度，同样是能够促进环保产业快速发展的一种重要支撑力量。然而，尽管环保行业的投资收益具有很强的稳定性和持续性优势，但是其投资收益回报率不是很高，而投资周期却很长、风险偏大的劣势却非常明显，因此社会资金对环保产业的吸引力相对不足，资金瓶颈也成为限制环保行业规模化、专业技术化发展的一个重要原因。

为此，天津市需要除了政府采取对环保企业进行环保新产品的开发实施财政补贴和减免营业税、所得税等税收调节，以及对环保企业的商业贷款进行一定财政贴息以外，还需要借助灵活的环保产业特殊的投融资政策，扩宽投融资主体范围，如鼓励发展企业债券、股票及基金等项目融资、信托投资、企业上市等多种融资方式。[①] 其中，特别是要重视对于建立环保产业投资基金的认识，既要合理扩大环境污染收费、财政拨款等传统基金来源项目，还可创新性的以发行环保专项国债、环保彩票等方式筹集基金，从而为环保技术创新和高新技术产业化提供必需的资金保障。此外，还可以鼓励国外资本进入到天津环保产业及资本市场，在满足天津环保产业发展对资金和技术的巨大需求的同时，也推动天津环保企业逐步走向国际化道路。

---

① 王瀛. 循环经济发展中的天津金融生态环境建设研究 [J]. 生态经济 . 2009（6）.

7.4.5 推动及完善静脉产业园的建设

"静脉产业"是引用人体系统循环中静脉将含有较多二氧化碳的"废物血液"送回心脏实现再生的机制，也称为资源再生利用产业，即通过产业运转使得居民生活垃圾和工业废弃物实现变废为宝、循环利用。然而，将生产和消费过程中产生的各类废物转化为可重新利用的资源和产品的废物资源化过程，常常只有在一定的专业化、规模化的经营模式下才能更好地实现经济效益，以及保障各类产业废物资源化在运转时间及范围上的相互衔接与配合，因此建立完善的静脉产业园也是环保产业体系中最经济、最有效的一种综合组织形式。

实践也同样证明，对于建有相对集中的废水处理中心、固体废弃物预处理中心、环保设备研发制造中心、环保技术信息交流中心等项目的静脉产业园而言，其能够很好地节约城市内有限的土地资源，实现资源与信息共享，形成各类环保项目间的良性协同效应，有利于相对集中地对环保项目实施监督和检查以提高环保产业的社会综合效益。

因此，天津应该以现有静脉类子牙循环经济产业园为基础，继续大力扩展及完善静脉产业园区的建设，从而大幅提升天津静脉产业的生产规模、科技含量以及基础设施条件，并通过建立废物交换平台显著降低废弃物再生资源化的物料收集、运输、贮藏等回收成本，同时积极搭建及延长静脉产业的生态型产业链条，保障静脉产业的市场化、规模化、效益化、信息化等，努力提升静脉产业整体的污染防治和环境管理的水平。

总之，天津在促进环保产业发展过程中，需要结合环渤海经济圈发展定位及环境需求，利用国家级高新区的优惠政策和产业发展优势，搭建系统化的环保产业链以及环保产业基地，在环保服务业、制造业等相关配套产业以及静脉生态园的快速发展过程中，促进天津生态环境质量的改善，实现生态城市建设目标。

§7.5 完善天津生态城建设的产业发展保障机制

7.5.1 确立有效的政府引导机制和完善配套政策环境

鉴于上述提出的产业生态化改造以及低碳产业、环保产业等发展都离不开建立有效的政府引导机制和相应的配套政策保障机制，因此天津市需要从政策法规、组织管理体系、绿色制度、引进及培育科技人才等多方面加以完善，并采取相应的政策支持策略。

首先，天津市市政府应该加快对有利于环保的法规及规章体系实施细则的制定与完善，实施绿色财政政策，对采取资源再生、"零排放"的企业给予财政补贴或贴息、减免税收等优惠以及提供技术研究开发补助金等支持措施；如可以借鉴挪威政府为了减少化石燃料消耗改善城市生态质量，规定每消费 1 吨当量煤的化石燃料征收 50 美元税金，而澳大利亚政府给予实施清洁生产的企业提供偿还期为 10 年，规模为所需资本 50% 的无息贷款等支持政策，促进产业生态化改造。各国政府激励措施的经验，明确了天津市在产业生态化发展中的经济激励措施细节。

其次，天津市政府还需牵头组织发改委、财政局、环保局、经贸委、地税局、科委、建委、物价局等多部门参与编制生态城市产业发展专项发展规划，在已明确的相关优惠鼓励政策、地方性污染处罚规则基础上，部门分工、权责明确地监督相关奖惩政策项目的实施状况。特别是市政府可以与重点污染性生产行业的监管单位签订污染减排责任书，通过制定区域污染减排整体计划，然后再把减排指标分解到每个企业，把节能减排任务落实到具体的每项工程项目中。

再次，天津市还应该推动 ISO14000 环境质量管理体系、国际有机食品、绿色产品质量标准等与国际接轨的环境管理制度的建设，为产业生态化发展创造标准化生产及管理的参考依据，进而提高产品生产的环保能力。此外，还应该积极推动市场化的生态环境补偿机制，逐步完善排污权利交易制度，从而有计划、有步骤、有措施地对城市污染物排放总量实施控制及管理。

最后，市政府还需要积极采取鼓励科学技术试验研究、技术创新等措施，如加强生态学实验室建设，推动再生资源利用技术创新的实践应用基地建设等，为实现生态工业技术产业化创造条件。同时，还需持续优化人才使用环境，对于相关培养与引进人才在户籍管理、社会保障、住房、子女就读等方面提供全面配套服务，促进科技人才的"安心流动"。

7.5.2 加强环境保护宣传与公共参与意识

良好的城市生态环保文化、生态和谐的城市经济建设都离不开全体城市居民的共同参与。因此，天津市应该积极借助报刊、电视和网络等各种媒体，广泛宣传环保法律法规和环境管理体系知识，宣传人与自然和谐共生的生态理念，增强全民资源忧患意识与环境意识，并通过开展创建"绿色工厂""绿色社区""绿色学校""绿色酒店""绿色家庭"等系列活动鼓励城市居民尽最大能力采取绿色生产、绿色生活、绿色消费，使环境保护成为全民共同参与的事业，营造出全体公众自觉努力共同营造优美人居环境的生态文明氛围。

同时，天津市还可以借鉴北京办奥运、上海办世博会等大型项目过程中对城市生态环境大幅度改造及提升的成功经验，市政府也应该积极组织夏季达沃斯、国际航空展、清洁能源汽车展等大项目申办活动，并以此为契机不断提升城市环境水平，扩大宣传全民共同参与环保的文化理念。

7.5.3 扩大国内、国际合作

当今世界是国际一体化的社会，地区的发展离不开国家及世界大背景的支持与相互影响。故而天津在建设生态城市、发展生态化产业体系时也必然需要采取与国内、国际相关行业部门间广泛的技术、人力、资金、物质材料、能源等多方面的合作，特别是要与相邻的环渤海经济区内的其他省市采取优势互补、合作共进的生态和谐、经济高效、社会进步的发展理念，才能够建设成为真正的生态文明城市。

第八章 结论与研究展望

§8.1 结 论

从 1992 年联合国里约环境与发展大会通过的《21 世纪议程》第一次把可持续发展和"环境友好"的概念提到全人类发展议程开始，资源、环境与发展的关系就成为各国各地区政府、民众及学者所共同关注的课题。由此本研究以天津生态城市的构建为出发点，以天津产业发展为研究对象，在可持续发展理论的基础上，结合天津城市特色及生态环境现状，借鉴环境库兹涅茨曲线研究方法对天津产业发展与生态环境间进行了对应性分析，从中获取了一些可以深入探讨、借鉴的认识和结论。

论文主要的研究内容及结论包括：

（1）以生态城市及建设原理为理论基础，通过分析生态城市建设的内容、原则、模式，以及借鉴生态城的评价体系的相关研究成果，并结合天津生态城市建设指标设计及相关评价方法的应用，可以发现天津市发展生态城市的制约因素主要有经济结构导致的环境压力较大、技术创新及成果转移的支撑力量不强、废弃物处理等环保业发展动力不足、水资源及水环境的发展瓶颈等多项内容，其中优化产业结构是解决问题的关键手段之一。

（2）依据对天津产业发展与生态环境间的数据分析，能够推导出天津生态城市建设的重点主要集中在城市生态环境的改善以及有效绿色经济增长上，因此需要以社会经济发展和生态服务为目标，以产业生态化改进为基本核心，突出循环经济、低碳经济、知识经济以及服务经济的生态内涵，特别是要重点通过推动相关技术成果的转化与清洁生产模式的推广、生态产业园区内经济与生态效益的最大化实现以及融合、城市及生态园纵横产业链的良性互动等措施，促进传统链式经济向循环经济、产品经济向功能经济、自然经济向生态经济的转型。

（3）天津市生态型产业建设需要将循环经济理念贯穿于城市化、工业化和农业产业化等多层面，故而需要同时大力发展生态工业、生态农业和生态型第三产业；且还应该推进产业共生体系的发展，扩大产业链的生态效益和经济效益，如通过食品、渔业、林果业等深加工将第一、第二产业链接起来，搭建一、二产业共生网络；或将餐饮服务及旅游业融于工农业生产、生活中，以"工业游""农家乐"等方式形成一、二、三产业互利共生的发展模式。

（4）在发展城市循环经济、低碳经济的过程中，首先要在每个微观主体中倡导循环型、低碳型的生产、生活方式和理念；其次还需要宏观上在全社会建立综合的废物回收和再利用体系，如扩展静脉产业园、建立"谁生产谁回收"的运转机制；同时要继续适当扩大风能、太阳能、海水能等清洁能源的相关产业发展。

（5）在形成以中心城区为内核，区域生态经济核心区和生态经济产业带为重要节点的经济布局过程中，搭建便利的绿色交通运输条件、行业部间的协调管理、信息技术合理共享等平台需要政府的高度重视及相应法规及政策的扶持，因此完善天津生态城建设的产业发展保障机制同样重要。

§8.2　研究展望

"生态城市"模式是建立在自然、经济、社会综合体系的协调可持续发展之中，而一定程度上经济可持续发展是实现环境和社会可持续发展的基础，也是可持续发展的核心内容。同时，在实现经济可持续发展的路径中，对于产业发展的提升又是最为重要的、最直接的内容。因此，探讨构建生态城市离不开对产业发展的剖析，于是，本研究对于正处在国家"环渤海经济圈"战略中的天津及其生态城市建设任务，进行了针对性的产业发展状态分析，并提出了既要保障经济繁荣发展的需要，也要强调生态美的生态与经济协调发展的部分产业发展策略。但是，鉴于产业发展与生态环境间的复杂性、相关技术的经济可行性及有效性的、社会关联性等原因，使得对于此问题的研究将永远是不断发展的，且对于各理论中的细节性实践应用需要进一步深入探索的方面也较多。由此，笔者认为当前特别需要继续精细化研究的主要内容有：

（1）根据产业共生和资源梯度利用关系，设计出更加科学、合理的产业规划，布局上统筹安排，精细化管理，进而以产业园区为纽带实现资源、资金、技术、信息等要素的优化和整合，形成分工合作、优势互补的发展模式。

（2）如何更好地在整个社会物流过程中实现"大循环"式的循环经济，即在整个社会经济领域，使工农业、生产与生活、城乡间产生的原料、产品、能量等都达到循环利用。这就需要继续深入研究有哪些适当的处置或处理的方法和措施，可以控制自然资源的浪费，并能够降低环境负荷，最终实现资源利用的最大化和"废弃物"产生的最小化。

（3）由于水资源在经济发展中具有重要的地位，因此需要对工业用水重复利用率低、农业灌溉技术和方式落后所造成的浪费型缺水，以及城市污水处理能力不足，并对环境污染造成的水质性缺水进行重点改革研究，具体如何制定可行的水污染控制目标和城市循环用水的综合方案，如何设计赏罚式激励管理机制，对于水资源及水环境相关的环保产业发展提供重点支持等研究内容。

（4）目前天津市的工业固体废物及生活垃圾是城市废物产生的重要来源，因此需要对于处理废物的方法、技术和经验进行系统化的研究，并对于焚烧、堆肥等措施采取详细的可行性分析，这也可以为目前我国各城市普遍面临的城市垃圾处理问题提供解决思路。

（5）探讨以何种措施调动社会公众普遍参与生态文明建设，实现社会公众自我约束和积极监督的意识。以机制、政策等使公众自觉维护环境卫生、种植、爱惜花草树木，并能够在资源、生态忧患意识和责任感中自动采取绿色及低碳消费，形成保护环境光荣，损害环境可耻的社会生态文明。

　　总之，为把天津市建设成为"天蓝、地绿、风清、水秀、城美、人和"的生态文明城市，营造出生态氛围良好、经济繁荣、居民生活舒适的人居环境是天津全社会共同参与的事业，需要大家一起持续不断的研究、探索及创新。

参考文献

[1] 中国大百科全书（建筑、园林、城市规划）[M]. 北京：中国大百科全书出版社，1988.

[2] 王如松. 山水城市建设的人类生态学原理——城市学与山水城市 [M]. 北京：中国建筑工业出版社，1994.

[3] 世界环境与发展委员会. 我们共同的未来 [M]. 长春：吉林人民出版社，1997.

[4] 王松霖. 走向 21 世纪的生态经济管理 [M]. 北京：中国环境科学出版社，1997.

[5] 杨云彦. 人口、资源与环境经济学 [M]. 北京：中国经济出版社，1999.

[6] 马中. 环境与资源经济学概论 [M]. 北京：高等教育出版社，1999.

[7] 吴人坚，王祥荣，戴流芳. 生态城市建设的原理和途径 [M]. 上海：复旦大学出版社，2000.

[8] 叶文虎. 可持续发展引论 [M]. 北京：高等教育出版社，2001.

[9] 董宪军. 生态城市论 [M]. 北京：中国社会科学出版社，2002.

[10] 杨昌明. 资源环境经济学 [M]. 武汉：湖北人民出版社，2002.

[11] 黄光宇. 生态城市理论与规划设计方法 [M]. 北京：科学出版社，2002.

[12] 张坤民，温宗国，杜斌，宋国君等. 生态城市评估与指标体系 [M]. 北京：化学工业出版社，2003.

[13] 王祥荣等. 生态建设论——中外城市生态建设比较分析 [M]. 南京：

东南大学出版社，2004.

[14] 孙国强.循环经济的新范式——循环经济生态城市的理论与实践[M].北京：清华大学出版社.2005.

[15] 周文宗，刘金娥，左平.生态产业与产业生态化[M].北京：化学工业出版社.2005.

[16] 林峰.可持续发展与产业结构调整[M].北京：社会科学出版社，2006.

[17] 邓伟根，王贵明.产业生态学导论[M].北京：中国社会科学出版社，2006.

[18] 郭丕斌.新型城市化与工业化道路——生态城市建设与转型[M].北京：经济管理出版社，2006.

[19] 焦胜，曾光明，曹麻茹等.城市生态规划概论[M].北京：化学工业出版社，2006.

[20] 王兆华.循环经济：区域产业共生网络——生态工业园发展的理论与实践[M].北京：经济科学出版社，2007.

[21] 诸大建.中国循环型经济与可持续发展[M].北京：科学出版社，2007.

[22] 李丽萍.宜居城市建设研究[M].北京：经济日报出版社，2007.

[23] 鞠美庭，王勇，孟伟庆等.生态城市建设的理论与实践[M].北京：化学工业出版社，2007.

[24] 杨卫泽.无锡生态市建设的理论与实践探索[M].北京：中国环境科学出版社，2007.

[25] 北京现代循环经济研究院.产业循环经济[M].北京：冶金工业出版社，2007.

[26] 鲁亚诺.生态城市60个优秀案例研究[M].北京：中国电力出版社，2007.

[27] 杨荣金，舒俭民.生态城市建设与规划[M].北京：经济日报出版社，2007.

[28] 马传栋.工业生态经济学与循环经济[M].北京：中国社会科学出版社，2007.

[29] 鞠美庭，盛连喜.产业生态学 [M].北京：高等教育出版社，2008.

[30] 慈福义.循环经济与区域发展的理论与实证 [M].北京：经济科学出版社，2008.

[31] 中国 21 世纪议程管理中心，环境无害化技术转移中心.生态工业园规划与管理指南 [M].北京：化学工业出版社，2008.

[32] 任正晓.生态循环经济论 [M].北京：经济管理出版社，2009.

[33] 黄海峰，李沛生，张阿珍.第二产业与循环经济概论 [M].北京：中国轻工业出版社，2009.

[34] 耿海玉，余宏，张倩.上海市静脉产业发展研究 [M].北京：中国财政经济出版社，2009.

[35] 郑适.中国产业发展监测与分析报告 [M].北京：中国经济出版社，2009.

[36] 樊纲.走向低碳发展：中国与世界——中国经济学家的建议 [M].北京：中国经济出版社，2010.

[37] 宋涛.城市产业生态化的经济研究 [M].厦门：厦门大学出版社，2010.

[38]（美）瑞吉斯.特生态城市（修订版）[M].北京：社会科学文献出版社，2010.

[39] 王亚力.区域生态型城市化的理论与应用 [M].长沙：湖南师范大学出版社，2010.

[40] 马骁.城市生态文明建设知识读本 [M].北京：红旗出版社，2012.

[41] 仇保兴.兼顾理想与现实——中国低碳生态城市指标体系构建与实践示范初探 [M].北京：中国建筑工业出版社，2012.

[42] 关海玲.低碳生态城市发展的理论与实证研究 [M].北京：经济科学出版社，2012.

[43] 彭镇华.唐山生态城市建设 [M].北京：中国林业出版社，2014.

[44] 陶良虎，张继久，孙抱朴.美丽城市：生态城市建设的理论实践与案例 [M].北京：人民出版社，2015.

[45] 吴国清.城市生态旅游产业发展创新 [M].上海：上海人民出版社，2016.

[46] 中国城市科学研究会.中国低碳生态城市发展报告 [M].北京：中国建筑工业出版社，2012—2017.

[47] 李忠锋.中新天津生态城市政基础设施设计新理念 [M].北京：人民交通出版社，2018.

[48] 刘举科，孙伟平，胡文臻.生态城市绿皮书：中国生态城市建设发展报告 [M].北京：社会科学文献出版社，2012—2018.

[49]（美）伍业钢，斯慧明.生态城市设计——中国新型城镇化的生态学解读 [M].南京：江苏科学技术出版社，2018.

[50] 李健等.生态工业系统理论与实践——兼论生态宜居城市和产业低碳发展 [M].北京：科学出版社，2018.

[51] 吴静.天津建设生态城市规划思路研究 [C].生态城市发展方略——国际生态城市建设论坛文集，2004.

[52] 杨会玲，胡国强.辽阳市生态城市建设现状及对策 [C].中国环境保护优秀论文集（2005 上册），2005.

[53] 毛志锋，朱高洪.生态城市基本理念及规划原理与模型方法 [C].第五期中国现代化研究论坛论文集，2007.

[54] 朱坦.生态文明视角下的生态城市建设模式探讨——以天津中新生态城为例 [A].中国城市科学研究会.城市发展研究——2009 城市发展与规划国际论坛论文集 [C].中国城市科学研究会：中国城市科学研究会，2009：6.

[55] 常贺中.天津发展循环经济构建生态文明的思考 [A].中国环境科学学会.中国环境科学学会 2009 年学术年会论文集（第一卷）[C].中国环境科学学会：中国环境科学学会，2009：4.

[56] 袁超.生态城市建设规划与产业集群生态化互动研究 [A].中国城市规划学会、南京市政府.转型与重构——2011 中国城市规划年会论文集 [C].中国城市规划学会、南京市政府：中国城市规划学会，2011：7.

[57] 沈锐.天津生态城绿色产业规划 [A].中国城市科学研究会、天津市滨海新区人民政府.2014（第九届）城市发展与规划大会论文集—S02 生态城市规划与实践的创新发展 [C].中国城市科学研究会、天津市滨海新区人民政府：中国城市科学研究会，2014：6.

[58] 董宪军. 生态城市研究 [D]. 中国社会科学院研究生院博士学位论文，2000.

[59] 王旭东. 中国实施可持续发展战略的产业选择 [D]. 暨南大学博士论文，2001.

[60] 王静. 天津市生态城市建设模式探讨 [D]. 天津师范大学硕士学位论文，2001.

[61] 李秉荣. 包头生态城市建设研究 [D]. 内蒙古农业大学博士学位论文，2005.

[62] 杜忠晓. 天津市建设生态城市发展战略研究 [D]. 天津大学硕士学位论文，2006.

[63] 秦丽杰. 吉林省生态工业园建设模式研究 [D]. 东北师范大学博士学位论文，2008.

[64] 刘芳. 基于生本足迹模型的天津市可持续发展综合评价研究 [D]. 天津师范大学博士学位论文，2008.

[65] 李红柳. 天津生态城市建设现状比较分析及对策研究 [D]. 天津大学硕士学位论文，2009.

[66] 王宁. 天津生态城市评价指标体系研究 [D]. 天津财经大学硕士学位论文，2009.

[67] 陈天鹏. 生态城市建设与评价研究 [D]. 哈尔滨工业大学博士学位论文，2009.

[68] 李红薇. 生态文明建设的产业结构研究 [D]. 天津理工大学，2010.

[69] 蔺雪峰. 生态城市治理机制研究 [D]. 天津大学，2011.

[70] 谭洁. 天津市城镇生态社区评价指标体系构建 [D]. 天津师范大学，2012.

[71] 丛硕文. 中新天津生态城案例研究 [D]. 天津大学，2012.

[72] 冯雪琛. 基于国家间合作开发建设生态城市项目的研究 [D]. 天津大学，2013.

[73] 常瑞敏. 基于生态理念的产业集聚区发展规划研究 [D]. 河北工程大学，2013.

[74] 蒋佳宇. 生态城市建设存在的问题及对策研究 [D]. 华中师范大学，

2015.

[75] 郭美荐.生态城市产业布局优化研究 [D].中国地质大学，2015.

[76] 齐阳.生态城市建设背景下哈尔滨市产业政策评价研究 [D].东北林业大学，2015.

[77] 白青卓.天津市生态城镇化进程中产业结构评价研究 [D].天津工业大学，2017.

[78] 邵亮.中新天津生态城开发建设现状和对策研究 [D].天津大学，2017.

[79] 曹园园.基于产业结构的城市生态安全评价研究 [D].河北工程大学，2017.

[80] 马世骏，王如松.社会—经济—自然复合生态系统 [J].生态学报，1984（4）.

[81] 宋永昌.迈向 21 世纪建设生态城市 [J].上海建设科技，1994（08）.

[82] 胡俊.当今中国城市发展的变革和规划的新趋势 [J].同济大学学报（自然科学版），1996（12）.

[83] 江小军.生态城市——二十一世纪城市发展的基本模式 [J].现代城市研究，1997（2）.

[84] 宋永昌，王祥荣，祝龙彪等.生态城市的指标体系与评价方法 [J].城市环境与城市生态，1999（05）.

[85] 黄光宇，陈勇.论城市生态化与生态城市 [J].城市环境与城市生态，1999（12）.

[86] 诸大建.从可持续发展到循环型经济 [J].世界环境，2000（03）.

[87] 黄肇义，杨东援.国内外生态城市理论研究综述 [J].城市规划，2001（01）.

[88] 居占杰.我国工业经济结构调整的思路与对策 [J].工业经济，2001（06）.

[89] 翟丽英，刘建军.生态城市与规划的对策 [J].西北建筑工程学院学报（自然科学版），2001（12）.

[90] 国家环保总局.国家环保总局公示"生态城市建设指标" [J].生态经济，2003（04）.

[91] 王丽娟. 产业结构对城市生态环境影响的实证分析 [J]. 甘肃省经济管理干部学院学报，2003（04）.

[92] 陆钟武. 关于循环经济几个问题的分析研究 [J]. 环境科学研究，2003（05）.

[93] 卞有生，何军. 生态省生态市及生态县标准研究 [J]. 中国工程科学，2003（11）.

[94] 戴锦. 中国生态农业发展的三个层次 [J]. 社会科学家，2004（01）.

[95] 彭建刚. 面向循环经济范式的高新技术产业发展研究 [J]. 科技与管理，2004（04）.

[96] 彭建刚. 面向循环经济范式的高新技术产业发展研究 [J]. 科技与管理，2004（04）.

[97] 赵云君，文启湘. 环境库兹涅茨曲线及其在我国的修正 [J]. 经济学家，2004（05）.

[98] 马交国，杨永春. 生态城市理论研究综述 [J]. 兰州大学学报，2004（05）.

[99] 赵云君，文启湘. 环境库兹涅茨曲线及其在我国的修正 [J]. 经济学家，2004（05）.

[100] 毛志锋，郑洋. 城市生态示范区产业生态系统发展对策研究 [J]. 中国软科学，2004（05）.

[101] 马交国，杨永春. 生态城市理论研究综述 [J]. 兰州大学学报，2004（05）.

[102] 牛文元. 循环经济：实现可持续发展的理想经济模式 [J]. 中国科学院院刊，2004（06）.

[103] 陈瑞剑，赵晶，马琳莉. 浅析生态城市建设 [J]. 中国住宅设施，2004（07）.

[104] 周学红. 可持续发展的城市人居环境探析 [J]. 西南科技大学学报（哲学社会科学版），2005（01）.

[105] 邓南圣，宁薇，吴峰. 工业生态系统与工业系统的生态重组 [J]. 天津社会科学，2005（02）.

[106] 汤天滋. 主要发达国家发展循环经济经验述评 [J]. 财经问题研究，

2005（02）.

[107] 王兆华，尹建华.生态工业园中工业共生网络运作模式研究 [J]. 中国软科学，2005（02）.

[108] 谢家平，孔令丞.基于循环经济的工业园区生态化研究 [J]. 中国工业经济，2005（04）.

[109] 吴琼，王如松.生态城市指标体系与评价方法 [J]. 生态学报，2005（08）.

[110] 黄雯.美国的城市设计控制政策——以波特兰、西雅图、旧金山为例 [J]. 规划师，2005（08）.

[111] 吴琼等.生态城市指标体系与评价方法 [J]. 生态学报，2005（08）.

[112] 刘克英.中国生态城市与城市生态经济发展问题研究 [J].生态经济，2005（10）.

[113] 王西琴，李芬.天津市经济增长与环境污染水平关系 [J].地理研究，2005（11）.

[114] 侯爱敏，袁中金.国外生态城市建设成功经验 [J]. 城市发展研究，2006（03）.

[115] 慈福义、陈烈.循环经济模式的区域思考 [J].地理科学，2006（03）.

[116] 李丽萍，郭宝华.关于宜居城市的探讨 [J].中国城市经济，2006（05）.

[117] 崔雪松，李海明.我国生态城市建设问题研究 [J].经济纵横，2007（02）.

[118] 南秀杰.抚顺生态城市建设的现状与措施 [J].辽宁城乡环境科技，2007（02）.

[119] 刘景洋，乔琦，姚扬等.生态工业园区评价指标体系研究——综合类生态工业园区 [J]. 现代化工，2007（07）.

[120] 中国城市科学研究分"宜居城市"课题组.中国首个宜居城市科学评价标准颁布 [W].中国人居环境网站，2008.8.2.

[121] 金国平，朱坦，唐弢.生态城市建设中的产业生态化研究 [J].环境保护，2008（04）.

[122] 宋马林.杨杰.社会主义生态文明建设评价指标体系：一个基于

AHP 的构建脚本 [J]. 深圳职业技术学院学报，2008（04）.

[123] 柳兴国 . 生态城市评价指标体系实证分析 [j]. 济南大学学报（社会科学版），2008（06）.

[124] 杨保军，董珂 . 生态城市规划的理念与实践——以中新天津生态城总体规划为例 [J]. 城市规划，2008（08）.

[125] 余际从 . 层次分析法在西部矿产资源接替选区经济社会综合评价中的应用 [J]. 中国矿业，2009（01）.

[126] 赵清，张路平 . 生态城市指标体系研究—以厦门为例 .[J]. 海洋环境科学，2009（02）.

[127] 董志勇，罗卫军 . 城镇化与生态经济市建设研究进展综述 [J]. 技术经济与管理研究，2009（02）.

[128] 王燕枫，吴俊锋，任晓鸣 . 基于三维框架的生态市建设指标体系的构建 [J]. 污染防治技术，2009（02）.

[129] 王瀛 . 循环经济发展中的天津金融生态环境建设研究 [J]. 生态经济，2009（06）.

[130] 达良俊，田志慧，陈晓双 . 生态城市发展与建设模式 [J]. 现代城市研究，2009（07）.

[131] 马道明 . 生态文明城市构建路径与评价体系研究 [J]. 城市可持续发展，2009（10）.

[132] 王瀛 . 关于总部经济发展的若干思考 [J]. 生产力研究，2009（12）.

[133] 张丽君，范晓林，孟鑫 . 西部民族地区生态城市发展评价体系探析 [J]. 井冈山大学学报（社会科学版），2010（02）.

[134] 屠凤娜 . 论生态城市产业 [J]. 环渤海经济瞭望，2010（04）.

[135] 王瀛 . 循环经济视域下资源型城市产业转型研究 [J]. 科技管理研究，2010（11）.

[136] 顾祎婷，靳文宁 . 低碳生态城市建设方法探究 [J]. 合作经济与科技，2011（03）.

[137] 刘丹萍 . 循环经济与生态城市探讨 [J]. 国土与自然资源研究，2011（03）.

[138] 刘志永，马飞 . 循环经济下生态城市建设研究 [J]. 商品与质量，

2011（SA）.

[139] 谢海燕，马忠玉.生态城市产业发展研究综述 [J].生态经济，2012（02）.

[140] 李慧明.关于推进天津市产业生态化的建议 [J].决策咨询，2012（02）.

[141] 苏冰.天津生态城市建设问题研究 [J].中外企业家，2012（11）.

[142] 黄丽丽.上海、天津、重庆加快建设低碳城市的主要做法及对黑龙江省的几点建议 [J].商业经济，2012（14）.

[143] 高原.低碳生态城市建设的主要路径分析——以天津为例 [J].环渤海经济瞭望，2012（08）.

[144] 天津产业链促进生态城镇化建设 [J].建材发展导向，2013，11（2）.

[145] 李莉.生态城市建设与产业转型关系初探 [J].商，2013（15）.

[146] 龚培兴，冯志峰.生态城镇建设：渊源、模式与路径 [J].理论学习，2013（10）.

[147] 高俊学，程振锋.基于生态城市建设理念的第三产业发展战略研究——以邢台市为例 [J].中国商贸，2014（02）.

[148] 桑东升，孙兴华，杨霏，文传浩."生态田园城市"发展模式理论与实践探索 [J].西部论坛，2014，24（4）.

[149] 盛学永.建设绿色宜居（生态）城市的思考 [J].上海房地，2014（06）.

[150] 李蔚娅，胡微.中国城市静脉产业发展现状及对策研究 [J].北华航天工业学院学报，2014，24（3）.

[151] 张倩，邓祥征，周青.城市生态管理概念、模式与资源利用效率 [J].中国人口·资源与环境，2015，25（6）.

[152] 钱静.以都市型现代农业为主导的京郊生态新城建设 [J].北京农业职业学院学报，2015，29（4）.

[153] 杨建林，黄清子.生态城市建设目标下的产业发展评价研究 [J].湖南社会科学，2015（04）.

[154] 林昆勇，余克服.滨海生态城市建设与海洋生态保护协同发展研究——以广西壮族自治区北海市为例 [J].城市，2016（01）.

[155] 方创琳，王少剑，王洋.中国低碳生态新城新区：现状、问题及

对策 [J]. 地理研究，2016，35（9）．

[156] 瞿北航.中国低碳生态城市发展政策建议 [J].现代营销，2016（08）．

[157] 王颖，侯光辉.中新天津生态城建设经验及对璧山区打造"三区一美"的启示 [J].绿色科技，2018（18）．

[158] 魏欣欣.生态城市设计的可持续发展策略研究 [J].建筑技术开发，2018，45（24）．

[159] Mattew A. Cole，Air Pollution and Dirty Industries：How and Why Does the Composition of Manufacturing Output Change with Economic Development？[J]. Environmental and Resource Economics，2000，（17）．

[160] McCann，P.，Urban and regional economics[M]. Oxford：Oxford University Press.2002.

[161] Rogerson，Christian M. Local Economic Development in Midrand，South Africa's Ecocity[J]. Urban Forum，2003，（2）：201-202.

[162] Conroy，Maria Manta. EcoCity Columbus：Using an Ohio State University planning class to bring sustainability concepts to Columbus，Ohio[J]. International Journal of Sustainability in Higher Education，2004，（2）：199.

[163] Editorial.Cutting Across Interests：Cleaned Production，the Unified Force of Sustainable Development[J]. Journal of Cleaner Production，2004，（12）：185-187.

[164] Paulussen Juergen，Wang Rusong. Clean Production and Ecological Industry：A Key to Eco-city Development[J]. Chinese Journal of Population Resources and Environment，2005，3（1）．

[165] Waggoner，Paul E.How can EcoCity get its food ？[J]. Technology in Society-an International Journal，2006，（1）：183-194.

[166] Lane，Christel. French Industrial Relations in the New World Economy-Nick Parsons[J]. British Journal of Industrial Relations，2006，（2）：385.

[167] Paula，Lino；Birrer，Frans. Including Public Perspectives in Industrial Biotechnology and the Biobased Economy[J]. Journal of Agricultural and Environmental Ethics，2006，（3）：253-268.

[168] Andersen, Mikael Skou. An introductory note on the environmental economics of the circular economy[J]. Sustainability Science, 2007, (1): 133.

[169] Pani, Pranab K. MADHYA PRADESH ECONOMY-Madhya Pradesh's Industrial Sector Structure and Performance[J]. Economic and Political Weekly, 2007, (5): 369-380.

[170] Jefferson, Gary, Rawski, Thomas, Zhang, Yifan. Productivity growth and convergence across China's industrial economy[J]. Journal of Chinese Economics and Business Studies, 2008, (2): 121-140.

[171] Burall, Paul. Ruhr revitalised-Paul Burall on how the Ruhr's industrial heritage has been used to regenerate the region's economy[J]. Town and Country Planning, 2008, (3): 126-130.

[172] Bjertnaes, Geir H, Faehn, Taran. Energy taxation in a small, open economy : Social efficiency gains versus industrial concerns[J]. Energy Economics, 2008, (4): 20-50.

[173] Lewis, David. Retooling for Growth : Building a 21st Century Economy in America's Older Industrial Areas[J]. Journal of the American Planning Association, 2009, (1): 96.

[174] Xu, Jiuping ; Li, Xiaofei ; Wu, Desheng Dash. Optimizing Circular Economy Planning and Risk Analysis Using System Dynamics[J]. Human and Ecological Risk Assessment, 2009, (2): 316-331.

[175] Anonymous. Sino-Singapore animation industry complex opens in Tianjin Municipality[J]. Interfax : China IT Newswire, 2011.

[176] Anonymous. Sino-Singapore animation industry complex opens in Tianjin Municipality[J]. Interfax : China Telecom Newswire, 2011.

[177] Yong Tian, Chang Rui Zhang, Quan Wen. Energy-Saving and Reuse of New Energy Resource in Green Architecture — Science and Technology Industry Building of Sino-Singapore Tianjin Eco-City[J]. Advanced Materials Research, 2013, 2377.

[178] Nana Zhu, Hongyan Zhao. IoT applications in the ecological industry chain from information security and smart city perspectives[J]. Computers and

Electrical Engineering，2018，65.

[179] Changjie Zhan，Martin de Jong. Financing eco cities and low carbon cities：The case of Shenzhen International Low Carbon City[J]. Journal of Cleaner Production，2018，180.